普通高等教育"十二五"部委级规划教材（高职高专）

服装流水线实训

周俊飞　主编

汪建平　徐颖芳　副主编

U0279711

中国纺织出版社

内 容 提 要

本教材是针对高职高专服装工艺技术专业方向的"十二五"部委级规划教材。编写组成员根据自身多年的相关课程教学经验和企业实践经验,调研了解企业人才需求,收集市场信息及资料,完善编写大纲。本教材主要从缝制工艺基础知识、流水线生产、军训服流水线生产实例等方面,介绍了目前服装企业现行相关流水线操作要点,流水线实训的基本程序、要点,并融入军训服制作流水线实际案例。本教材紧密结合企业生产流水线的实际运作,针对真实的工作任务,使理论和实践更好地融合。

本教材既可作为高职高专服装实训的授课教材,也可作为服装企业的培训教材。

图书在版编目(CIP)数据

服装流水线实训/周俊飞主编.—北京:中国纺织出版社,2014.9(2020.1重印)

普通高等教育"十二五"部委级规划教材.高职高专

ISBN 978-7-5064-8530-2

Ⅰ.①服… Ⅱ.①周… Ⅲ.①服装—流水生产线—高等职业教育—教材 Ⅳ.①TS941.6

中国版本图书馆 CIP 数据核字(2012)第 065803 号

策划编辑:王军锋　　责任校对:寇晨晨
责任设计:何　建　　责任印制:何　建

中国纺织出版社出版发行
地址:北京市朝阳区百子湾东里 A407 号楼　邮政编码:100124
销售电话:010—67004422　传真:010—87155801
http://www.c-textilep.com
E-mail:faxing@ c-textilep.com
中国纺织出版社天猫旗舰店
官方微博 http://weibo.com/2119887771
北京虎彩文化传播有限公司印刷　各地新华书店经销
2014 年 9 月第 1 版　2020 年 1 月第 2 次印刷
开本:787×1092　1/16　印张:6.5
字数:119 千字　定价:36.00 元

凡购本书,如有缺页、倒页、脱页,由本社图书营销中心调换

出版者的话

《国家中长期教育改革和发展规划纲要》(简称《纲要》)中提出"要大力发展职业教育"。职业教育要"把提高质量作为重点。以服务为宗旨,以就业为导向,推进教育教学改革。实行工学结合、校企合作、顶岗实习的人才培养模式"。为全面贯彻落实《纲要》,中国纺织服装教育学会协同中国纺织出版社,认真组织制订"十二五"部委级教材规划,组织专家对各院校上报的"十二五"规划教材选题进行认真评选,力求使教材出版与教学改革和课程建设发展相适应,并对项目式教学模式的配套教材进行了探索,充分体现职业技能培养的特点。在教材的编写上重视实践和实训环节内容,使教材内容具有以下三个特点:

(1)围绕一个核心——育人目标。根据教育规律和课程设置特点,从培养学生学习兴趣和提高职业技能入手,教材内容围绕生产实际和教学需要展开,形式上力求突出重点,强调实践。附有课程设置指导,并于章首介绍本章知识点、重点、难点及专业技能,章后附形式多样的思考题等,提高教材的可读性,增加学生学习兴趣和自学能力。

(2)突出一个环节——实践环节。教材出版突出高职教育和应用性学科的特点,注重理论与生产实践的结合,有针对性地设置教材内容,增加实践、实验内容,并通过多媒体等形式,直观反映生产实践的最新成果。

(3)实现一个立体——开发立体化教材体系。充分利用现代教育技术手段,构建数字教育资源平台,开发教学课件、音像制品、素材库、试题库等多种立体化的配套教材,以直观的形式和丰富的表达充分展现教学内容。

教材出版是教育发展中的重要组成部分,为出版高质量的教材,出版社严格甄选作者,组织专家评审,并对出版全过程进行跟踪,及时了解教材编写进度、编写质量,力求做到作者权威、编辑专业、审读严格、精品出版。我们愿与院校一起,共同探讨、完善教材出版,不断推出精品教材,以适应我国职业教育的发展要求。

中国纺织出版社
教材出版中心

前言

　　为适应我国社会进步和经济发展,以及高等职业教育的教学模式、教学方法不断改革的需要,本书秉承高职高专教材"理论部分清楚、够用为度;重在实际操作,操作说明详细、严密、规范;具有一定前瞻性"的原则与定位。本书是针对高职高专服装工艺技术专业方向的教材,编写组的成员都有多年的相关课程教学经验和企业实践经验。

　　本书内容丰富,充分反映了生产实际中的新知识、新技术、新工艺和新方法。本书以缝制工艺基础知识、服装流水线生产、军训服流水线生产实例等知识模块为重点,介绍目前服装企业现行相关流水线操作要点,简述了流水线实训的基本程序、要点,并融入军训服制作流水线实际案例。本书紧密结合企业生产流水线实际运作,使实际教学与企业需求紧密结合,促进产学的互动。本书充分利用军训服制作流水线实际案例,针对真实的工作任务,使理论和实践更好地融合。

　　该书实用性强,适于作为服装院校的专业教材,也可以作为服装企业的培训教材,请全国各地服装院校、服装技术方向培训部门根据教学的具体情况加以选用。

　　本书由周俊飞主编,汪建平、徐颖芳副主编,参加本书编写的人员有周俊飞、汪建平、徐颖芳、郑守阳、伍超泉。其中,第一章由周俊飞编写,第二章汪建平编写,第三章由汪建平、伍超泉、郑宇阳、周俊飞编写。全书插图由徐颖芳绘制,周俊飞、徐颖芳负责校稿。

　　由于编者教学工作繁忙,本书编写只能在假期和业余时间进行,加上水平有限,书中难免有疏漏和不足之处,恳请读者提出宝贵意见,以便加以改进。

编　者
2014 年 3 月

☞ 课程设置指导

本课程设置意义 本课程可使学生掌握服装缝制流水线工序分析和操作方面的岗位职业能力,能够系统的了解服装流水线生产的基础知识,及生产岗位工作所需要的知识和技能,能解决实际问题。本课程结合高职教育人才培养目标的要求,以培养适应企业生产第一线的应用型技术人才为目标,为学生在服装生产一线就业打下坚实的基础。

本课程教学建议 本书可作为服装工程方向的专业课用书,建议 70 学时,教学内容包括本书全部内容,本课程还可作为服装设计的选修课,建议 80 学时。

本课程要求学生已学习服装结构、服装基础工艺、服装生产管理等相关课程,已了解一般服装缝制工艺技术及服装生产管理的相关知识。

本课程教学目的 本课程是集服装工艺、服装生产管理等相关知识,通过这门课程的学习,可使学生了解服装工艺分解、工序分析,掌握服装质量控制要求、工业生产流水线的安排,能制作符合生产要求的工艺文件,掌握服装质量检验和后整理要求,使学生结合实际生产情况,掌握服装生产运作各流程的关系,能解决生产过程中处理工艺技术问题。

目录

第一章　服装缝制工艺基础知识

本章知识点

1. 掌握服装缝制常用术语。
2. 掌握服装成形技术的线迹、缝迹与缝型的相关知识。
3. 对排料的方法与具体要求以及缝纫相关知识的掌握和应用。

第一节　服装缝制常用术语

服装术语是指服装用语,比如某一品种,服装上的某个部位,服装制作每一种操作过程和服装成品质量要求等,都有专用术语,它有利于指导生产,有利于传授和交流技术知识,也有利于管理,在服装生产中起着十分重要的作用。

一、概念性术语

1. 验色差

检查原料、辅料色泽级差,按色泽归类。

2. 查疵点

检查原料、辅料疵点。

3. 查纬斜

检查原料纬斜度。

4. 复米

复查每匹原料、辅料的长度。

5. 划样

用样板或漏板,按不同规格在原料上画出衣片裁剪线条。

6. 复查划样

复查表层划片的数量和质量。

7. 排料

在裁剪过程中,对面料如何使用及用料的多少所进行的有计划的工艺操作。

8. 铺料

按划样要求铺料。

9. 钻眼

用电钻在裁片上做出缝制标记。

10. 打粉印

用划粉在裁片上做出缝制标记,一般作为暂时标记。

11. 编号

将裁好的各种衣片按其床序、层序、规格等编印上相应的号码,同一件衣服上的号码应一致。

12. 配零料

配齐一件衣服的零部件材料。

13. 钉标签

将有顺序号的标签钉在衣片上。

14. 验片

检查裁片质量。

15. 换片

调换不符合质量要求的裁片。

16. 分片

将裁片按序号或按部件的种类配齐。

17. 段耗

指坯布经过铺料后断料所产生的损耗。

18. 裁耗

铺料后坯布在划样开裁中所产生的损耗。

19. 成衣坯布制成率

制成衣服的坯布重量与投料重量之比。

20. 缝合、合、缉

都指用缝纫机缝合两层或两层以上的裁片,俗称缉缝、缉线。为了使用方便,一般将"缝合"、"合"称为暗缝,即产品上面无线迹。"合"则是缝合的简称;"缉"称为明缝,即产品上面有整齐的线迹。

21. 缝份

俗称缝头,指两层裁片缝合后被缝住的余份。

22. 缝口

两层裁片缝合后上面所呈现的痕迹。

23. 绱

绱亦称装,一般指部件安装到主件上的缝合过程,如绱(装)领、绱袖、绱腰头;安装辅件也称为绱或装,如绱拉链、绱松紧带等。

24. 打剪口

打剪口亦称打眼刀、剪切口,"打"即剪的意思。如在绱袖、绱领等工艺中,为了使袖、领与衣片吻合准确,而在规定的裁片边缘部位剪 0.3cm 深的小三角缺口作为定位标记。

25. 包缝

包缝亦称锁边、拷边、码边,指用包缝线迹将裁片毛边包光,使织物纱线不脱散。

26. 针迹

指缝针刺穿缝料时,在缝料上形成的针眼。

27. 线迹

在缝制物上两个相邻针眼之间的缝线形式。

28. 缝型

指缝纫机合衣片的不同方法。

29. 缝迹密度

指在规定单位长度内的针迹数,也可叫做针迹密度。一般单位长度为 2cm 或 3cm。

二、缝制操作技术用语

1. 缲袖衩

将袖衩边与袖口贴边缲牢固定。

2. 烫原料

熨烫原料褶皱。

3. 刷花

在裁剪绣花部位上印刷花印。

4. 撇片

按标准样板修剪毛坯裁片。

5. 打线丁

用白棉纱线在裁片上做出缝制标记。一般用于毛、呢类服装上的缝制标志。

6. 剪省缝

将因缝制后的厚度影响衣服外观的省缝剪开。

7. 环缝

将毛呢服装剪开的省缝用纱线作环形针法绕缝,以防纱线脱散。

8. 缉省缝

将省缝折合用机器缉缝。

9. 烫省缝

将省缝坐倒或分开熨烫。

10. 推门

将平面前衣片推烫成立体形态衣片。

11. 缉衬

机缉前衣身衬布。

12. 烫衬

熨烫缉好的胸衬,使之形成人体胸部形态,与经推门后的前衣片相吻合。

13. 敷衬

将前衣片敷在胸衬上,使衣片与衬布贴合一致,且衣片布纹处于平衡状态。

14. 纳驳头

纳驳头亦称扎驳头,用手工或机器扎。

15. 拼耳朵皮

将大衣挂面上端形状如耳朵的部分进行拼接。

16. 包底领

底领四边包光后机缉。

17. 绱领子

将领子装在领窝处。

18. 分熨绱领缝

将绱领缉缝分开,熨烫后修剪。

19. 分熨领串口

将领串口缉缝分开熨烫。

20. 叠领串口

将领串口缝与绱领缝扎牢,注意使串口缝保持齐、直。

21. 包领面

将西装、大衣领面外口包转,用三角针将领里绷牢。

22. 归拔偏袖

偏袖部位归拔熨烫成人体手臂的弯曲形态。

23. 敷止口牵条

将牵条布敷在止口部位。

24. 敷驳口牵条

将牵条布敷在驳口部位。

25. 缉袋嵌线

将嵌线料缉在开袋口线两侧。

26. 开袋口

将已缉嵌线的袋口中间部分剪开。

27. 封袋口

袋口两头机缉倒回针封口。也可用套结机进行封结。

28. 敷挂面

将挂面敷在前衣片止口部位。

29. 合止口

将衣片和挂面在门襟止口处机缉缝合。

30. 扳止口

将止口毛边与前身衬布用斜形针缲牢。

31. 扎止口

在翻出的止口上,手工或机扎一道临时固定线。

32. 合背缝

将背缝机缉缝合。

33. 归拔后背

将平面的后衣片按体形归烫成立体衣片。

34. 敷袖窿牵条

将牵条布缝在后衣片的袖窿部位。

35. 敷背衩牵条

将牵条布缝在后衣衩的边缘部位。

36. 封背衣衩

将背衣衩上端封结。一般有明封与暗封两种方法。

37. 扣烫底边

将底边折光或折转熨烫。

38. 扎底边

将底边扣烫后扎一道临时固定线。

39. 倒钩袖窿

沿袖窿用倒钩针法缝扎,使袖窿牢固。

40. 叠肩缝

将肩缝头与衬布扎牢。

41. 做垫肩

用布和棉花、中空纤维等做成衣服垫肩。

42. 装垫肩

将垫肩装在袖窿肩头部位。

43. 倒扎领窝

沿领窝用倒钩针法缝扎。

44. 合领衬

在领衬拼缝处机缉缝合。

45. 拼领里

在领里拼缝处机缉缝合。

46. 归拔领里

将敷上衬布的领里归拔熨烫成符合人体颈部的形态。

47. 归拔领面

将领面归拔熨烫成符合人体颈部的形态。

48. 敷领面

将领面敷上领里,使领面、领里吻合一致,领角处的领面要宽松些。

49. 扎袖里缝

将袖子面、里缉缝对牢扎牢。

50. 收袖山

抽缩袖山上的松度或缝吃头。

51. 滚袖窿

用滚条将袖窿毛边包光,增加袖窿的牢度和挺度。

52. 缲领钩

将底领领钩开口处用手工缲牢。

53. 扎暗门襟

暗门襟扣眼之间用暗针缝牢。

54. 划眼位

按衣服长度和造型要求划准扣眼位置。

55. 滚扣眼

用滚扣眼的布料把扣眼毛边包光。

56. 锁扣眼

将扣眼毛边用线锁光,分机锁和手工锁眼。

57. 滚挂面

将挂面里口毛边用滚条包光,滚边宽度一般为 0.4cm 左右。

58. 做袋片

将袋片毛边扣转,缲上里布做光。

59. 翻小襟

小襟的面布、里布缝合后将下面翻出。

60. 绱袖襻

将袖襻装在袖口上规定的部位。

61. 坐烫里子缝

将里布缉缝坐倒熨烫。

62. 缲袖窿

将袖窿里布固定于袖窿上,然后将袖子里布固定于袖窿里布上。

63. 缲底边

底边与大身缲牢。有明缲与暗缲两种方法。

64. 领角薄膜定位

将领角薄膜在领衬上定位。

65. 热缩领面

将领面进行防缩熨烫。

66. 压领角

上领翻出后,将领角进行热压定型。

67. 夹翻领

将翻领夹进领底面、里布内机缉缝合。

68. 镶边

用镶边料按一定宽度和形状缝合安装在衣片边沿上。

69. 镶嵌线

用嵌线料镶在衣片上。

70. 缉明线

机缉或手工缉缝于服装表面的线迹。

71. 缉袖衩条

将袖衩条装在袖片衩位上。

72. 封袖衩

在袖衩上端的里侧机缉封牢。

73. 缉拉链

将拉链装在门、里襟及侧缝等部位。

74. 缉松紧带

将松紧带装在袖口底边等部位。

75. 点纽位

用铅笔或划粉点准纽扣位置。

76. 钉纽扣

将纽扣钉在纽位上。

77. 画绗缝线

防寒服制作时,需在面料上画出绗棉间隔标记。

78. 缲纽襻

将纽襻边折光缲缝。

79. 盘花纽

用缲好的纽襻条按一定花形盘成程式纽扣。

80. 钉纽襻

将纽襻钉在门里襟纽位上。

81. 打套结

开衣衩口用手工或机器打套结。

82. 拔裆

将平面裤片拔烫成符合人体臀部下肢形态的立体裤片。

83. 翻门襟

门襟缉好将正面翻出。

84. 绱门襟

将门襟安装在门襟上。

85. 绱里襟

将里襟安装在里襟片上。

86. 绱腰头

将腰头安装在裤腰上。

87. 绱串带襻

将串带襻装缝在腰头上。

88. 封小裆

将小裆开口机缉或手工封口,增加前门襟开口的牢度。

89. 勾后裆缝

在后裆弯处,用粗线做倒钩针缝,增加后裆缝的牢度。

90. 扣烫裤底

将裤底外口毛边折转熨烫。

91. 绱大裤底

将裤底装在后裆十字处缝合。

92. 花绷十字缝

裤裆十字缝分开绷牢。

93. 扣烫贴脚条

将裤脚口贴条扣转熨烫。

94. 绱贴脚条

将贴脚条装在裤脚口里沿边。

95. 叠卷脚

将裤脚翻边在侧缝下裆缝处缝牢。

96. 抽碎褶

用缝线抽缩成不定型的细褶。

97. 叠顺裥

缝叠成同一方向的折裥。

98. 手针工艺

就用手针缝合衣料的各种工艺形式。

99. 耳朵皮

指西服上衣或大衣的过面上带有像耳朵形状的面料,可有圆弧形和方角形两类。方角耳朵须与衣里拼缝后再与过面拼缝;圆弧耳朵皮则是与过面连裁,滚边后搭缝在衣里上。西服里袋开在耳朵皮上。

100. 吃势

亦称层势,"吃"指缝合时使衣片缩短,吃势指缩短的程度。吃势分两种,一种是两衣片原来长度一致,缝合时因操作不当,造成一片长、一片短(即短片有了吃势),这是应避免的缝纫弊病;另一种是将两片长短略有差异的衣片有意地将长衣片某个部位缩进一定尺寸,从而达到预期的造型效果。如圆装袖的袖山吃势可使袖山顶部丰满圆润,袋盖两端圆角、领面、领角等部件面的角端吃势可使部件面的止口外吐,从正面看不到里料,还可使面部形成自然的窝势,不反翘。

101. 里外匀

亦称里外容,指由于部件或部位的外层松、里层紧面形成的窝形态。其缝制加工的过程称为里外匀工艺,如勾缝袋盖、驳头、领子等,都需要采用里外匀工艺。

102. 修剪止口

指将缝合后的止口缝份剪窄,有修双边和修单边两种方法。其中修单边亦称为修阶梯状,即两缝份宽窄不一致,一般宽的为 0.7cm、窄的为 0.4cm,质地疏松的布料可同时再增加 0.2cm 左右。

103. 回势

回势亦称还势,指被拔开部位的边缘处呈现出荷叶边形状。

104. 归

归是归拢之意,指将长度缩短的工艺,一般有归缝和归烫两种方法。裁片被烫的部位,靠近边缘处出现弧形绺,被称为余势。

105. 拔

拔是拔长、拔开之意,指将平面拉长或拉宽。如后背肩胛处的拔长、裤子的拔裆、臀部的拔宽等,都采用拔烫的方法。

106. 推

推是归或拔的继续,指将裁片归的余势、拔的回势推向与人体相对应凸起或凹进的位置。

107. 起壳

指面料与衬料不贴合,即里外层不相融。

108. 套结

亦称封结,指在袋口或各种开衩、开口处用回针的方法进行加固,有平缝机封结、手工封结及用机封结等。

109. 极光

熨烫裁片或成衣时,由于垫布太硬或无垫布盖烫而产生的亮光。

110. 止口反吐

批将两面层裁片缝合并翻出后,里层止口超出面层止口。

111. 起吊

指成品上衣面、里不符,里子偏短引起的衣面上吊、不平服。

112. 胖势

亦称凸势,指服装该凸出的部位胖出,使之圆顺、饱满。如上衣胸部、裤子的臀部等,都需要有适当的胖势。

113. 胁势

也有称吸势、凹势的,指服装该凹进的部位吸进。如西服上衣腰围处、裤子后裆以下的大腿根处等,都需要有适当的胁势。

114. 翘势

主要指小肩宽外端略向上翘。

115. 窝势

多指部件或部位由于采用里外匀工艺,呈正面略凸、反面凹进的形态。

116. 反翘

反翘又称起翘,指服装缝制过程中,里外匀未处理好,产生里松外紧现象。

117. 水花印

指盖水布熨烫不匀或喷水不匀,出现水渍。

118. 塑形

指将裁片加工成所需要的形态。

119. 定型

指使裁片或成衣形态具有一定稳定性的工艺过程。

120. 起烫

指消除极光的一种熨烫技法。需在有极光处盖水布,用高温熨斗快速轻轻熨烫,趁水分未干时揭去水布使其自然晾干。

第二节　服装成形技术——线迹、缝迹与缝型

服装的成形技术有缝合、黏合、编织等多种,但至今主要成形方法仍为缝合。缝合是将服装部件用一定形式的线迹固定后作为特定的缝型而组合。缝迹和缝型是缝合中两个最基本的要素。选择与材料具有良好配伍并符合穿着强度要求的线迹和缝型,对缝合的质量是至关重要的。

一、线迹

服装生产中常用的线迹,按照通常的习惯,可以分以下四种类型。

1. 锁式线迹

亦称穿梭缝线迹,是由两根缝线交叉连接于缝料中。

2. 链式线迹

是由一根或两根缝线串套连接而成,线量较多,拉伸性较好。

3. 包缝线迹

针织品和衣边锁边的包缝线迹最常见的是两根或三根缝线相互循环串套在缝制物的边缘。

4. 绷缝线迹

由两根以上针线和一根弯钩线互相串套而成,特点是强力大,拉伸性较好,同时还能使缝迹平整,防止针织物边缘线圈脱散。

二、缝迹

影响缝迹牢度的因素如下。

1. 缝迹的拉伸性

服装缝纫时,如果缝型的拉伸性与缝料的性能不相匹配,则穿着时容易将缝线拉断而开缝断线。因此,受拉伸的部位一定要选用有弹性的线迹结构和缝线。缝迹密度也影响缝迹的弹性,随着缝迹密度的增大,缝迹的断裂伸长率也能提高。

2. 缝迹的强力

缝迹强力直接与缝线强力有关,它们之间成正比关系。缝线密度越大,其拉伸性和强力也就越大。但是,缝迹密度过大,对缝迹牢度反而会产生不利影响。单位长度缝料中针迹数增多,有可能使针织物线圈的纱线被缝针刺断,造成"针洞",缝迹牢度反受其害。因此,缝迹密度应有一定的范围,要根据缝制材料的种类和线迹的用途而定。

3. 缝线的耐磨性

服装在穿着过程中,几乎所有缝迹都要受到体肤和其他衣服的摩擦,尤其是拉伸大的部位。因此,缝线的耐磨性对缝迹牢度影响很大。

三、缝型

缝型是一定数量的布片和线迹在缝制过程中的配置形态,是服装工艺设计的主要内容之一。为了较好地实现缝型设计意图,优质高产地完成缝纫工艺,不仅要懂得各类缝型,而且要了解缝型的应用。

品质优良、结构正确的缝型必须具有足够的缝合力,并且外形美观。

缝型名称及缝型构成示意见表 1-1,缝型训练示意见表 1-2。

表 1-1 缝型名称及缝型符号

线迹类型		线型名称、代号及线迹代号 (ISO 4916/ISO 4915)	缝型符号
包缝线	1	三线包缝合缝(1.01.01/504 或 505)	
	2	四线包缝合缝(1.01.03/07 或 514)	
	3	五线包缝合缝(1.01.03/401+504)	
	4	四线包缝合肩(加肩条)(1.23.03/512 或 514)	
	5	三线包缝合肩(1.01.03/07 或 514)	

线迹类型	线型名称、代号及线迹代号 （ISO 4916/ISO 4915）		缝型符号
锁缝类	1	合缝（1.01.01/301）	
	2	来去缝（1.01.03/301）	
	3	育克缝（2.02.03/301）	
	4	滚边（小带）（3.01.01/301）	
	5	装拉链（4.07.02/301）	
	6	钉口袋（5.31.02/301）	
	7	折边（1.01.01/301）	
	8	绣花（6.01.01/304）	
	9	缲边（毛边）（6.03.03/313 或 320）	
	10	缲边（光边）（6.03.03/313 或 320）	
	11	缝扁松紧带腰（7.26.01/301 或 304）	
	12	缝圆松紧带腰（7.26.01/301 或 304）	
	13	钉商标（7.02.01/301）	
	14	缝带衬布裤腰（7.37.01/301+301）	

续表

线迹类型		线型名称、代号及线迹代号 （ISO 4916/ISO 4915）	缝型符号
绷缝类	1	滚边（3.03.01/602 或 605）	
	2	双针绷缝（4.04.01/406）	
	3	打裥（运动裤前中线）（5.01.03/406）	
	4	折边（腰边）（6.02.01/4.6 或 407）	
	5	松紧带腰（7.15.02/406）	
	6	缝裤带环（8.02.01/406）	
链缝类	1	单线缉边合缝（1.01.01/101）	
	2	双链缝合缝（1.01.01/401）	
	3	双针双链缝双包边（2.04.04/401+404）	
	4	双针双链缝犬牙边（3.03.08/401+404）	
	5	滚边（滚实）（3.05.03/401）	
	6	滚边（滚虚）（3.05.01/401）	
	7	双链缝缲边（6.03.03/4.9）	
	8	单链缝缲边（6.03.03/105 或 103）	
	9	锁眼（双线链式）（6.05.01/404）	
	10	双针四线链缝松紧腰（7.25.01/401）	
	11	四针八线链缝松紧腰（7.75.01/401）	

表 1-2　缝型训练示意

线迹类型	缝型标准名称	缝型代号及线迹代号	缝型标准符号	缝型操作方法	缝型用途及操作注意事项
折边缝类	内包缝（反包缝）	2.04.06/301		反 0.1 0.4~0.6 或 0.8~1.2 正 正 0.4~0.6 或 0.8~1.2	常用于肩缝、侧缝、袖缝等部位。制作时要求第一道缉线顺直。宽窄一致,第二道缉线亦同,不能漏缉。缝份折边,缉第二线是布料放平,防止拧绞或布面不平。止口整齐、美观
	外包缝（正包缝）	2.04.05/301		反 正 0.1 0.5~0.7 正 0.1 0.5~0.7	常用于西裤、夹克衫等服装中,制作要求同内包缝(注意观察内外包缝的区别)
	滚包缝	1.08.01/301		正 正	适宜于薄料服装,即要省工,又省钱。制作时要求包卷折边平服,无绞皱,宽窄一致,线迹顺直,止口均匀,无毛边
	扣压缝（克缝）	5.31.02		正 正 0.1	常用于男裤的侧缝、衬衫的过肩、贴袋等部位,操作时,要求针迹整齐,止口均匀,平行美观,位置准确;裁片折边平服,无毛边
	闷缉缝（光滚边）	3.05.01/301		0.1 正 正	常用于缝制裙、裤的腰或克夫等需一次成形的部位。注意车缝时,边车缝边用锥子略推上层缝料,保持上下层松紧一致,最好用针压同步缝机缝缉
	卷边缝	6.03.01/301		正	多用于轻薄透明衣料或不加里子服装的下摆,操作时要求扣折的衣边平服,宽度一致,无拧绞现象;线迹顺直,止口整齐,无毛边,最好用针压同步缝机缉缝

续表

线迹类型	缝型标准名称	缝型代号及线迹代号	缝型标准符号	缝型操作方法	缝型用途及操作注意事项
搭缝类	平缝（合缝、勾缝）	1.01.01/301		反 0.8～1	广泛应用于上衣的肩缝、侧缝，袖子的内外缝等部位。并注意在开始和结束时打回针，以防脱散。操作时下层衣片因由送牙直接送走得较快，上层衣片有压脚的阻力且为间接扒送，所以走得较慢，易产生上层松、下层紧的现象。为保持上、下层的缝合平齐，缝合时，可稍拉下层，稍推上层（有特殊工艺要求的除外）
	分压缝（劈压缝）	2.02.03/301		正 反	多应用于薄料的裤子裆缝、后缝等处，起固定缝口、增强牢度的作用。制作时，要求缝份处平服、无皱缩现象，止口宽窄均匀，布料反面缝迹与原平缝线迹基本重合
平搭折边组合缝类	来去缝	1.06.03/301		正 反	常用于薄料女衬衫、童装的摆缝袖缝等处的缝合。制作时要求第一道缉线缝份要小于第二道缉线（去缝）缝份。来缝毛边要修齐，缝份不能过小，以免影响牢度，去缝缝份整齐均匀，无绞皱
	骑缝（闷缝、咬缝）	3.14.01/301		正 正	常用于绱领、绱袖头、绱裤腰等，操作时，正面止口要尽量推送上层，以保持上、下层平齐，防止出现拧绞现象。线迹要顺直，第二道线刚好盖住第一道线，折边口不能看见第一道线迹及缝份。缉缝第二道线时，用于辅助将平输送，使折边均匀、平服、无绞皱
	漏落缝（灌缝）	4.07.03/301		反 正 正	常用于固定挖袋嵌线。制作时，要求沿边缉缝第二道线时，须将两边扒开，既不能缉住折边，也不能离开折边，应紧靠折边

第三节　服装排料

一、排料的意义

在裁剪中,对面料如何使用及用料的多少所进行的有计划的工艺操作称为排料。不排料就不知道用料的准确长度,辅料就无法进行。排料划样不仅为辅料裁剪提供依据,使这些工作能够顺利进行,而且对面料的消耗、裁剪的难易、服装的质量都有直接影响,是一项技术性很强的操作工艺。

二、排料的方法与具体要求

(一)排料方法

排料图的设计有很多方法,一是采取手工划样排料,即用样板在面料上划样套排;二是采用服装 CAD 系统绘画排料;三是采用漏花样(用涤纶片制成的排料图)粉刷工艺划样排料。

(二)排料的具体要求

排料实际是一个解决材料如何使用的问题,而材料的使用方法在服装制作中是非常重要的。如果材料使用不当,不仅会给制作加工制造困难,而且会直接影响服装的质量和效果,难以达到产品的设计要求。因此,排料前必须对产品的设计要求和制作工艺了解清楚,对使用的材料性能特点有所认识。排料中必须根据设计要求和制作工艺决定每片样板的排列位置,也就是决定材料的使用方法。

1. 面料的正反面与衣片的对称

大多数服装面料是分正反面的,而服装设计与制作的要求一般都是使面料的正面作为服装的表面。同时,服装上许多衣片具有对称性,如上衣的衣袖、裤子的前片和后片等,都是左右对称的两片。因此,排料时就要注意既要保证衣片正反一致,又要保证衣片的对称,避免出现"一顺"现象。

2. 排料的方向性

服装面料是具有方向性的,服装面料的方向性表现在以下两个方面。

(1)面料有经纱(直纱)与纬纱(横纱)之分。在服装制作中,面料的经向与纬向表现出不同的性能。例如,经纱挺拔垂直,不易伸长变形。纬纱有较大伸缩性,富有弹性,易弯曲延伸,围成圆势时自然、丰满。因此,不同衣片在用料上有经纱、纬纱、斜纱之分,排料时,应根据服装制作的要求,注意用料的纱线反向。一般情况下,排料时样板的方向都不准任意放置。为了排料时确定方向,样板上一般都画出经纱的方向为衣片的丝缕方向,排料时应注意使它与面料的纱线一致。

一般服装的长度部分,如衣长、裤长、袖片等,及零部件如门襟、腰面、嵌线等,为防止拉宽变形皆采用经纱(直料)。

纬纱(横料)大多用在与大身丝缕相一致的部件,如呢料服装的领面、袋盖和贴边等。

而斜料一般都选用在伸缩比较大的部位,如滚条、呢料上装的领里及化纤服装的领面、领里。另外,还可用在需增加美观的部位,如条、呢料的覆肩、育克、门外襟等。在排料时,不仅要弄清样板规定的丝缕方向,还应根据产品要求明确允许偏斜及允许偏斜的程度。

(2)面料表面有绒毛,且绒毛具有方向性,如灯芯绒、丝绒、人造毛皮等。在用倒顺毛面料进行排料时,首先要弄清楚倒顺毛的方向,绒毛的长度和倒顺向的程度等,然后才能确定画样的方向。例如,灯芯绒面料的绒毛很短,为了使产品毛色和顺,采取倒毛做(逆毛面上)。又如兔毛呢和人造毛皮这一类绒毛较长的面料,不宜采用倒毛做,而应采取顺毛做。

为了节约面料,对于绒毛较短的面料,可采用一件倒画、一件顺画的两件套排画样的方法。但在一件产品中的各部件,不论其绒毛的长短和倒顺向的程度如何,都不能有倒有顺,而应该一致。领面的倒顺毛方向,应以成品领面翻下后保持与后身绒毛同一方向为准。

3. 对条、对格面料的排料

国家服装质量检验标准中关于对条、对格有明确的规定,凡是面料有明显的条格,且格宽在1cm以上者,要条料对条、格料对格。高档服装对条、对格有更严格的要求。

(1)上衣对格的部位。左右门里襟、前后身侧缝、袖与大身、后身拼缝、左右领角及衬衫左右袖头的条格应对应;后领面与后身中缝条格应对准,驳领的左右挂面应对称;大小袖片横格对准,同件袖子左右应对称;大小袋与大身对格,右袋对称,左、右袋嵌线条格对准。

(2)裤子的对格部位:裤子对格的部位有侧缝、下裆缝、前后裆缝;左右腰面条格应对称;两后袋、两前斜袋与大身对格,且左右对称。

(3)对条、对格的方法如下。

①在画样时,将需要对条、对格部位的条格画准。在铺料时,一定要采取对格铺料的方法。

②将对条对格的其中一条画准,将另一片采取放格的方法,开刀时裁下毛坯,然后再对条、格,并裁剪。一般,较高档服装的排料使用这种方式。

(4)对条、对格时应注意以下事项。

①画样时,尽可能将需要对格的部件画在同一纬度上,可以避免面料纬斜和格子稀密不匀而影响对格。

②在画上下不对称的格条面料时,在同一件产品中要保证一致顺向排斜,不能颠倒。

4. 对花面料的排料

对花是指面料上的花型图案,经过加工成为服装后,其明显的主要部位组合处的花型仍要保持完整。对画的花型一般都是属于丝织品上较大的团花,如龙、凤、福、禄、寿等不可分割的花型。对花产品是中式丝绸棉袄、丝绸衬衣的特色。对花的部位在两片前身、袋与大身、袖与前身等处。

对花产品排料时应注意以下事项。

（1）要计算好花型的组合。例如，前身两片在门襟处要对花，画样时要画准，在左右片重合时，使花型完整。

（2）在画这种对花产品时，要仔细检查面料的花型间隔距离是否规则。如果花型间隔距离大小不一，其画样图就要分开画，以免由于花型距离不一而引起对花不准。

（3）无肩缝中式丝绸服装对花时，有的产品的门襟、袖中缝、领与后身、后身中缝、袋与大身、领头两端等部位都需要对团花，也有的产品的袖中缝、领与后身部位不一定要求对团花，其他部位与整肩产品（无肩缝）相同。

（4）对花产品的具体要求如下。

①面料中的花纹不得裁倒，有文字图案为标准，无文字的以主要花纹的倒顺为标准。

②面料花纹中有倒有顺或花纹中全部无明显倒顺者（梅、兰、竹、菊等），允许两件套排一倒一顺排裁（但一件内不可有倒有顺）。以下几种具体情况不易一倒一顺裁。

a. 花纹有方向性的，并全部一顺倒的。

b. 花纹中虽有倒有顺，但其中文字或图案（瓶、壶、鼎、鸟、兽、桥、亭等）向一顺倒的。

c. 花纹中大部分无明显顺倒，但某一主体花型不可倒置的。

d. 前身左右两片在胸部位置的排花要对准。

e. 两袖要对排花、团花，袖子和前身两袖要对排花、团花，排花的色、花都要对，散花袖子和前身不对花。

f. 中式大襟和小襟（包括琵琶襟）不对排花。

g. 男衬衣贴袋遇团花要对团花，中式贴袋一般不对团花。

h. 对花时以上部为主，排花高低允许误差2cm，团花拼接允许误差0.5cm。

i. 有背缝、无肩缝的服装的团花及排花只对前身，不对后身。

5. 节约用料问题

在保证达到设计和制作工艺要求的前提下，尽量减少面料的用量是排料时应遵循的重要原则。服装的成本，很大程度上在于面料的用量多少。而决定面料用量多少的关键又是排料方法。同样一套样板，由于排料的形式不同，所占的面积大小就会不同，也就是用料多少不同。排料的目的之一，就是要找出一种用料最省的样板排放形式。如何通过排料达到这一目的，很大程度要靠经验和技巧。根据经验，以下一些方法对提高面料利用率、节约用料行之有效。

（1）先主后次。排料时，先将较大的主要部件样板排好，然后再将零部件的样板放在大片样板的间隙及剩余面料中排列。

（2）紧密套排。样板形状各不相同，其边线有直的、弯的、凹凸的等，排料时，应根据它们的形状采取直对直、斜对斜、凸对凹、弯与弯相顺。这样可以尽量减少样板之间的间隙，充分提高面料的利用率。

（3）缺口合拼。有的样板有凹状缺口，但有时缺口内又不能插入其他部件。此时可将两片样板的缺口拼在一起，使两片之间的空隙加大。空隙加大后便可以排放另外的小片样板。

（4）大小搭配。当同一裁床上要排多种规格样板时，应将不同规格的样板相互搭配，统一排放，使不同规格样板之间可以取长补短，实现合理用料。

（5）拼接合理。在排料过程中，常常会遇到零部件的拼接。产生拼接的原因有很多，有的是人体体形肥胖，有的是可用面料较小，有的是衣料门幅较窄，都会出现衣片中某些部件需要拼接。但不能随便拼接，否则会影响成品服装的外形美观。因此，应该根据中国服装国家技术标准（简称"国标"）所规定的允许范围内进行合理拼接。

要做到充分节约面料，排料时就必须根据上述规律反复进行试排，不断改进，最终选出最合理的排料方案。

第四节 相关知识

一、缝针、缝线和线迹密度的选配

在缝制过程中必不可少的重要工具就是缝针，而缝针又分手缝针与车工机针。手缝针按长短粗细有 13 个号型，平缝机针的粗细为 9~18 号之间。缝纫时，车工机针一般可根据缝料的厚薄、软硬及质地选择适当的机针和缝线（表 1-3、表 1-4）。手缝可根据加工工艺的需要和缝制材料的不同选用不同号型的针。

表 1-3　平缝机针与缝线关系

针　　号	缝线线密度（tex/公支）	适合缝料
9	12.5~10/80~100	薄纱布、薄绸、细麻纱等轻薄型面料
11	16.67~12.5/60~80	薄化纤、薄棉布、绸缎、府绸等薄型面料
14	20~16.67/50~60	粗布、卡其布、薄呢等中厚型面料
16	33.67~20,30~50	粗厚棉布、薄绒布、灯芯绒等较厚型面料
18	50~25,20~40	厚绒布、薄帆布、大衣呢等厚重型面料

表 1-4　手针号码与缝线粗细关系

针号	1	2	3	4	5	6	7	8	9	10	11	长 7	长 9
直径（mm）	0	0.86	0.78	0.78	0.71	0.71	0.61	0.61	0.56	0.56	0.48	0.61	0.56
长度（mm）	44.5	38	35	33.5	32	30.5	29	27	25	25	22	32	30.5
线的粗细	粗线			中 粗 线				细 线		绣 线			
用途	厚 线			中 厚 料			一般料		轻 薄 料				

线迹密度除和缝针类型、缝针大小、缝料、缝线、缝纫项目有关系外还与服装款式有关系（表 1-5、表 1-6）。

表 1-5　男、女西服针距密度

项　目		针距密度	备　注
明线		3cm 不少于 14~17 针	包括暗线
三线包缝		3cm 不少于 9 针	
手工针		3cm 不少于 7 针	肩缝、袖窿、领子不低于 9 针/3cm
手工止口		3cm 不少于 5 针	
三角针		3cm 不少于 5 针	以单面计算
锁眼	细线	1cm12~14 针	机器锁眼
	粗线	1cm9 针	手工锁眼
钉扣	细线	每孔 8 根线	缠脚线高度与止口厚度相适应
	粗线	每孔 4 根线	

表 1-6　连衣裙针距密度

项　目	针距密度	项　目	针距密度
明线、暗线	3cm 不少于 12 针	机钉扣	每扣不少于 6 根线
包缝线	3cm 不少于 12 针	手工钉扣	双线,两上两下绕三绕
机锁眼	1cm 11~15 针	手工缲针	3cm 不少于 4 针

二、放缝与贴边

缝份又称为缝头与做缝,是指缝合衣片所需的必要宽度。折边是指服装边缘部位如门襟、底边、袖口、裤口等的翻折量。由于结构制图中的线条大多是净缝,所以只有将结构制图加放一定的缝份或折边之后才能满足工艺要求。缝份及折边加放量需考虑下列因素。

(一)根据缝型加放缝份

线型是指一定数量的衣片和线迹在缝制过程中的配置形式。缝型不同对缝份加放量的要求也不相同,见表 1-7。

表 1-7　缝份加放量

缝　型	参考放量	说　明
分缝	1cm	也称劈缝,即将两边缝份分开烫平
倒缝	1cm	也称做倒,即将两边缝份向一边扣倒
明线倒缝	缝份大于明线宽度 0.2~0.5cm	在倒缝上缉单明线或双明线
包缝	缝份大于明线宽度 0.2~0.5cm	也称裹缝,分"暗包明缉"和"明包暗缉"
弯缩缝	0.6~0.8cm	相缝合的一边或两边为弧线
搭缝	0.8~1cm	一边搭在另一边的缝合

(二)根据面料加放缝份

样板的缝份与面料的质地性能有关。面料的质地有厚有薄、有松有紧,而质地疏松的面料在裁剪和缝纫时容易脱散,因此在放缝时应略多放些,质地紧密的面料则按常规处理。

(三)根据工艺要求加放缝份

样板缝份的加放应根据不同的工艺要求灵活掌握。有些特殊部位即使是同一条缝边其缝份也不相同。例如,后裤片后裆缝的腰口处放 2~2.5cm,臀围处放 1cm;普通上衣袖窿弧部位多放 0.7~0.9cm 的缝份;装拉链部位应比一般部位缝头稍宽,以便于缝制;上衣的背缝、裙子的后缝应比一般缝份稍宽,一般为 1.5~2cm。

(四)规则型折边的处理

规则型折边一般与衣片连接在一起,可以在净线的基础上直接向外加放相应的折边量。由于服装的款式和工艺要求不同,折边量的大小也不相同。凡是直线或接近于直线的折边,加放量可以适当放大一些;而弧线形折边的宽度要适量减少,以免扣倒折边后出现不平服现象(表1-8)。

表 1-8　折边加放量

部　　位	各类服装折边参考加放量
底摆	男女上衣:衣呢类 4cm,一般上衣 3~3.5cm,衬衣 2~2.5cm,一般大衣 5cm,内挂毛皮衣 6~7cm
袖口	一般同底摆
裤口	一般 4cm,高档产品 5cm,短裤 3cm
裙摆	一般 3cm,高档产品稍加宽,弧度较大的裙摆折边取 2cm
口袋	暗挖袋已在制图中确定。明贴袋大衣无盖式 3.5cm,有盖式 1.5cm,小盖无袋式 2.5cm,有盖式 1.5cm,借缝袋 1.5~2cm
开衩	又称开气,一般取 1.7~2cm

(五)不规则贴边的处理

不规则贴边是指折边的形状变化幅度比较大,不能直接在衣片上加放,在这种情况下可采用贴边(镶折边)的工艺方法,即按照衣片的净线形状绘制折边,再与衣片缝合在一起。这种宽度以能够容纳弧线(或折线)的最大起伏量为原则,一般取 3~5cm。

思考与练习

1. 名词解释:修剪止口、线迹、吃势?
2. 服装生产中常用的线迹,按照通常的习惯,可以分哪几种类型?
3. 排料表面有绒毛的面料时具体要求是什么?
4. 服装放缝和贴边量需要考虑哪些因素?

第二章　服装流水线生产

本章知识点

1. 了解生产前样衣试制的程序及技术环节。
2. 熟悉工业裁剪的各项具体要求。
3. 掌握生产车间各项任务下放的表格填写要点,以及流水线的具体安排、后道的整烫步骤。

第一节　样板房

根据生产计划,首先样板房要在某个产品在流水线正常生产之前一段时间内做好一系列准备工作(时间长短根据企业需要)。样板房是各个部门联系的枢纽,在企业显得尤为重要。板房的所有工作都是为车间生产服务,快速缝制高品质服装的关键是裁片设计,即在平面上设计出立体化后的裁片。工业样板设计得好,缝制时就像组装一样,生产效率可大大提高。

一、面料缩率测试

面料经过熨烫或水洗后会变形缩短,所以从面料到成品都要经过预缩处理。一般情况,天然成分面料水缩较大,化纤面料热缩较大。

面料的预缩是将一块一平方米的面料(四周不能有布边)通过热缩或水缩后,量出其经度和纬度的长度,缩短的量除以原长所得数即为缩率。

收缩率测试是测试面料经过空气中的湿热作用和熨烫、喷水、水浸等处理前后经纬长度的收缩程度。面料缩率是缝制加工的重要依据,是不可缺少的一个环节。

工厂批量生产与裁缝店单件制作是不同的。裁缝店可以先把面料进行热缩或水缩,经过一段时间后再裁剪制作。工厂生产由于数量大,大量面料进行预缩比较困难,一般情况下不进行预缩,制板师在制板前必须先检测好面料的缩率,然后根据缩率大小把模板放大和放长。但有些面料的缩率太大,一碰水或高温就缩,并且不止一次性缩小。第一次缩了,第二次还会缩,这就给控制成品规格带来了难度。

这类问题一般情况下都采取先把面料汽缩(用高温水蒸气),让其自然晾干冷却后再裁剪。但制板时还要根据面料情况酌量放大和放长。生产时必须减少直接高温熨烫,以免发生不同部位不规则地缩小和缩短。在成品大烫时应该用软尺量出各部位的实际尺寸,然后进行适当拉长、拉大或缩小、缩短等定型处理,尽量把成品控制在符合规格的尺寸之内。

二、样衣试制

样衣是根据客户提供的面料、敷料、设计款式图和生产指示书而制作的样品。样衣试制主要用于审核款式、设计效果、面料性能和检查板型等。

(一)制板

制板是服装制作技术性最强的环节,制板师不但要精通结构设计,还要掌握面料质地性能和缝制工艺等多方面的知识,使设计师的设计理念和创新意象能以物态化体现。

制板师在制好板以后,必须注明各块小样板的名称,丝缕方向,款号、裁片数量及标出烫衬部位,缝制时对合刀眼等。制板师是设计师与工艺师之间的桥梁,起着承上启下的作用。制板师在纸样上必须注明每个部位的缝制要求,特别复杂的部件甚至写出缝制方法与缝制过程。

(二)做样衣

工艺师在接到服装试样生产通知单(表2-1)之后,在规定的时间内,利用材料制作出成品的样衣使设计师的理念和创新意识得以物态化表现。在缝制前,工艺师必须慎重考虑缝制形式,缝迹、缝型、熨烫形式和顺序。为了更好地表达出设计效果,在缝制时必须严格按纸样的要求缝制,在确保质量的前提下,既合理,又方便易行,同时必须能适用于工业化批量生产。在试制过程中发现问题,必须做好记录,以备核对和修改纸样,把问题解决在投产之前。

表2-1　服装试样生产通知单(示例)

试样生产单号:1101-S1 　　　　　　　　　　　　　　　　　　制单日期:

品　　名	规　　格	数　　量	备　　注
军训服(上衣)	M	1	

说明:在做的过程中,发现的所有问题在此处详细写明,如纸样问题、面料问题、纸样尺寸与原定尺寸不符等细节。

1. 纸样拼合对应长度没问题
2. 对合眼刀准确
3. 成衣尺寸与原定尺寸一致
4. 单件用料1.5cm
5. 单件用非织造布衬0.2cm
6. 单件用线

完成日期

工艺师必须要精通工业批量生产的流水管理。在制作样衣时，必须按车间流水工序缝制，在缝制过程中，不管成品效果好坏，不得擅自改动板型。样衣是检查板型的唯一依据。如果纸样有误缺，工艺师不能用自己的方法修改使之达到规范，必须要严格按工业化生产加工方法制作。

(三)改样

根据样衣在缝制过程中所出现的问题，如成品的各部位尺寸规格与原定尺寸对照相比，是否在准误差之内，以及成品样衣的板型效果是否合体，样衣能否体现出设计效果等。根据以上试样结果，提出纸样修改的意见。对纸样进行修改，再进行样衣的重新制作，直到样衣各项质量指标完全合格。

(四)放码

样衣合格，纸样无需再改的情况下，根据生产需要将纸样进行推档放码。

三、各种样板的制作

生产样板、样衣经客户或企业审定后，准备投入生产，这时制板间必须进行基准样板、裁剪样板和工艺样板的制作。

(一)基准样板

基准样板即模板(原板)。是校正裁剪样板、工艺样板的标准。基准样板要用档案袋封存，由技术科存档。档案袋上要贴一张样衣试制单(表2-2)。

表2-2　样衣试制单(示例)　　　　　　　　　　制单日期：

合同号:zjff-008		产品名:军训服上衣		加工指示书:1101-S1				
客户:浙江纺院		纸样号型:M						

效果图：

正面　　　　　　　　　　　　　　　　背面

尺寸＼部位	胸围	腰围	臀位	衣长	袖长	袖口	肩宽	下摆
原定尺寸(mm)	118			72	61	30	47	118
纸样尺寸(mm)	118			74	62.7	30.8	47	118
实样尺寸(mm)	118			72	61.5	30	47	118

续表

尺寸＼部位	裤长	裙长	腰围	臀位	直档	脚口	裙下摆	
原定尺寸(mm)								
纸样尺寸(mm)								
实样尺寸(mm)								

面布纸样(主色):11/块　　　配色:1/块　　　净样:6/块

里布纸样:　　/块　　　　　辅料纸样:6/块

备注:
　此面料水洗经向缩率为2.7%左右,纬向不变,所以横向围度纸样尺寸与原定尺寸一样,经向另加缩率

试样色卡	纸样	张＊＊
	试样	刘＊＊
	审定	汪＊＊

(二)裁剪样板

裁剪车间排料、画样等使用的样板,因为使用的特殊性,裁剪样板要求耐磨,一般采用优质坚韧的厚纸板来制作。裁剪样板可以分为以下几种。

根据纸样加放量的不同(净样的基础上),裁剪样板可分为精裁样板和毛裁样板。

1. 精裁样板

在净样的基础上只加一个做缝,这样的裁片可直接用于缝制生产。一般不烫衬或只有小部分烫衬,烫衬后不会影响裁片的大小形状。如袖子、后片、夹里、裤子前后片等。

2. 毛裁样板

在净样加一个做缝的情况下,根据面料的缩率不同适量加大四周做缝,一般是全部烫衬的部位,如西服前片、领子、克夫、袋盖等。为了防止过机压衬后变形,影响缝制效果,所以要把裁片放大压衬后再修片。企业修片一般用带刀修割机。

根据纸样所示部位不同,样板可分为面料样板、夹里样板、辅料样板。一般中大型企业里,面料、夹里、辅料是分开裁剪的,也就是有专裁面料的员工,另有专裁夹里或辅料的员工。这样有利于质量和速度的保证,提高效益。

3. 工艺样板

工艺样板是便于缝制工艺操作和质量控制而使用的样板。它一般是零部件或衣片局部的净样或毛样,是提供零部件定型缝制的依据和衣片某部位缝制的定位标志。如供劈剪、烫、定位、缝纫时用的样板。

根据实际情况或实际需要可以用不同材料来制作工艺样板,以便更好地为生产车间服务。

(1)毛样点位纸样。需要耐磨,一般采用优质坚韧的厚纸样。同时可以在纸板两边的要点部位粘上透明胶,再用专业工具在点的位置上戳个小洞。根据实际情况,在不影响点位效果的情况下,尽量使纸板小些。如点省位、袋位等。

(2)净样画线纸板。因为要反复在裁片上画线,所以纸样很容易损坏。在制作时可以用透明胶把画线的边全部包起来,这样就不会很快损坏。如画领、袋盖等的纸板。

画线常用的材料有铅笔、蜡笔、水笔、荧光笔、褪色笔、普通划粉和隐形划粉。生产中高档次产品的服装企业,在点袋位时首选褪色笔,在画缝制止口时首选荧光笔。

(3)净样扣烫样板。一般用耐温板或薄的铁皮,如果生产数量很少也可用优质坚韧的纸板。目前市场上卖的耐温板一般都较厚,所以要注意烫出来的部件过大,制作时必须做成比净样偏小点的样板,可根据实际情况适当调节。铁皮较薄,传热最快,烫出来的效果最好,但用铁皮成本高,并且容易烫手。制铁皮净样时,铁皮四周必须用砂纸磨光,手拿一边不能有尖角,以免刺伤手。如果数量较少,可以用纸板来做,从而减少成本。制作之前可在纸板两边粘上无纺衬,以增加牢度和防止纸板滑动。如烫口袋、克夫、腰、小祥等的样板。

(4)缉明线样板。一般用水磨砂纸或用优质坚韧的纸板,纸板两边粘上非织造布衬。如缉拉链牌明线、缉暗门襟前片明线等的样板。

(5)工艺模板。在一塑料板内挖出一条缝迹轨道,通过配置的压脚、线板、牙齿等设备,可以快速而准确地制作服装部件。如袋盖的制作,具体操作如下。

①根据要缝制部位的形状,通过制模机在一塑料板内挖出一条缝迹轨道。缝迹轨道宽度一般在 0.3~0.4cm(比配置的针板上针孔外径大 0.1cm)。

②普通缝纫机的压脚、线板、牙齿换成特配的压脚、线板、牙齿。

③把要缝制的裁片放在模板下方,车工通过缝纫机的压脚就可以快速而准确地缝制出产品。

工艺模板是现行服装企业提高效益的一大捷径。

四、纸样校对

在裁剪样板、工艺样板制作好以后,要与基准样板(参照样衣)一一校对。

(1)校对款式、纸样型号是否与其他型号纸样混淆。

(2)校对大小、长短是否有出入。

(3)校对纸样片数是否漏掉,特别是裁剪纸样。

(4)校对对合刀眼是否准确,是否漏掉。

五、填写生产工艺单

根据试样结果,样衣师要填写生产工艺单,交主管审核,以备车间生产需要。生产工艺单见表 2-3。

表2-3　生产工艺单（示例）

合同号：zpff-008　纸样型号：1101-S1　产品名称：军训服上衣

生产型号：1101-S1

制单日期：

针距：明维缝线 14 或 15 针/3cm；暗维缝线 12 或 13 针/3cm；拷边 9 针/3cm

部位	袋口	后复势	肩	绱袖	装领	克夫	装克夫
缝份（cm）	1+1.5	1	1	1	0.8	1	1
工艺要求	折光缉明线	向上压倒	向后压倒	向袖笼倒	缉0.1cm明线	三周0.6cm明线	缉0.1cm明线

款式图

备注：

1. 贴袋左右对称，无高低。
2. 前中顺直，门襟左右各缉 0.6cm 明线。
3. 后复势有暗缝褶裥，居中、顺直。
4. 做领左右对称，有窝势。
5. 绱领三眼对齐、平服，无起链，缉线止口均匀。
6. 袖衩左右对称，无毛角。
7. 下摆为 1cm+1.5cm 三折光缉明线，宽窄一致；门襟长短一致。

制单：陈＊＊

审核：孙＊＊

烫衬部位：前中、上领、下领、袖衩、袖克夫

部位 号型	胸围（cm）	摆围（cm）	衣长（cm）	袖长（cm）	肩宽（cm）	袖口（cm）	袖口合拢（cm）	上领围（cm）
S	114	114	70	59.5	46	29	21	38
M	118	118	72	61	47	30	22	39
L	122	122	74	62.5	48	31	23	40

六、单件成品面、里、辅料的预算和记录

根据裁剪样衣时用料记录,初步预算和单件成品所需面料、里料、辅料的多少。由于裁样衣一般都是单件排料裁剪,单件用料一定会比大量裁剪时几件排料用料多,特别是左右不对称的款式。记录时必须根据实际情况较准确地预算出大量生产时单件用料,当然预算肯定比实际裁剪单件用料数要大。现在很多企业都是用 CAD 排料,预算起来既简单又准确。

辅料在某个成品中一般都是定数,计算相当简单。如一条活动腰西裤,拉链 24cm 长一条,纽扣直径 1.5cm、4 粒,腰底 1m,活动腰扣 2 副,商标 1 只,洗水标 1 副,尺码 1 只,吊牌 1 付等。夹里、口袋面需另排板计算,缝制线和拷边线的预算可以用公式计算。

任何一件衣服都是由一个个零部件通过一段段线缝合而成。计算时只要把每个缝纫线段的长度记录下来(如果因缝纫故障问题而断线的不能算两段,只能算一段),在一个完整段的长度上加 6cm(6cm 是缝纫线段的两端线头),再把已加 6cm 的每一个缝纫段加起来乘 3,既为所需线长,如袖侧缝开衩及压双线。

当然,用线量与针距大小有关。如果做高端产品,并且缝纫线是由国外客人提供的,可以用乘 4 的系数。原因有两点:高端产品缝制要求高,返工率高,用线量相应也大;缝纫线是由国外客人提供的,短时间内是无法拿到的。为了防止因线短缺而耽误货期,所以计算用线用乘 4 的系数。

拷边线计算方法与缝纫线计算方法一样,只是所乘系数不一样。拷边线计算总数乘以 15。

衣服做好后,试样人员要将所用辅料数量填入面辅料登记表(表 2-4)。

表 2-4　面辅料登记表(示例)

纸样型号:1101-S1

产品名称:军训服上衣

款式图

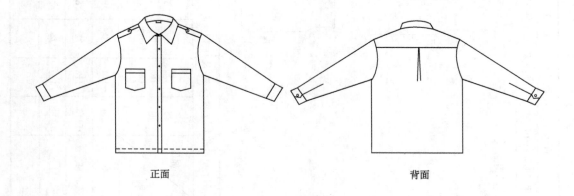

正面　　　　　　　　　　　　　　　背面

续表

项目＼部位	里子	黏合衬	袖条	垫肩	牵带	拉链	纽扣		
型号		树脂衬				1	米色,1cm 直径		
数量		0.06m				1	12 粒		

项目＼部位	商标	洗水标	尺码	挂牌	缝纫线	拷边线	撬边线		
型号					50	90	100		
数量					78.4m	56m			

制单:王＊＊ 试样:李＊＊ 审核:张＊＊ 制单日期:

第二节 工业裁剪

一、检查纸样

裁剪负责人根据厂部下达的裁剪生产计划,提前到板房领取裁剪生产样板、样衣、技术文件等相关物件。在领取时,该负责人必须认真核对裁剪纸样与纸样档案袋上记录的面料纸样、夹里纸样、辅料纸样是否完全吻合。具体核对要求如下。

(一)核对纸样型号

核对每一块纸样上所标型号与档案袋以及样衣上所标型号是否一致。

(二)清点数量

在核对面料纸样、夹里纸样、辅料纸样的数量是否与档案袋上记录一致。这里值得注意的是,档案袋上记录的一般是 M 码各纸样的数据,而裁剪纸样一般都有几个码,严格来说每个码都有一套与档案袋上所记录的数据完全一样的纸样。但有些厂考虑节省时间,在每个码都通用的纸样上没有按每一个码一副而是几个码共用一副。如西裤的门襟、里襟、袋嵌线、口袋垫布、口袋布等,可以几个码共同用。在清点数量时,必须根据实际情况正确清点裁剪纸样数量。

(三)核对纸样标记、丝缕线、对合刀眼

对于常规刀眼如女装的前后公主线缝合刀眼、袖窿与袖山的缝合刀眼、绱领刀眼等,纸样上没有,则必须向板房问明原因。一般来说,如果因为纸样上的刀眼没打而裁片也未打,从而影响车间生产,则主要责任由板房来承担;纸样有刀眼,裁片没有刀眼,则主要责任由裁剪来承担。这种情况在生产中时有发生。

(四)毛裁与精裁纸样分开

款式里有整块裁片要过机粘衬的,裁剪时一定要毛裁。毛裁是指在净样板外放缝止口的基础上再放大,过机粘衬后再进行精裁修剪。如果该毛裁的部位用精裁样板裁剪了,该裁片过机粘衬后会出现经度与纬度的变化,特别是斜料部位(如前片袖窿)会变形,这样给工艺缝制带来很大的难度。

二、排料

把裁剪纸样按丝缕方向放在排料纸上,用铅笔或圆珠笔将纸样四周画线,这一过程称为排料。排料时必须保证每块纸样丝缕线放得正确。排料前先量出要裁面料的门幅宽度(布边针孔之间的距离),根据这个宽度在排料纸一边画出离边缘 2cm 的平行线,再在另一边画出比面料的门幅量的宽度窄 2cm 的平行线(根据布边的实际情况可适当调整宽窄量),各个纸样则紧密地排列在两条平行线之内。

排料的原则先大后小、先直后横。排料的方法多种多样,没有固定不变的模式,但有一个宗旨就是在正确排料的情况下,尽量减少单件用料。为了节省用料,一般都采用多件排料,即单款单码多件排、单款混码多件排、混款单码多件排、混款混码多件排等。现在很多企业都采用了CAD 软件来辅助制板与排料。利用计算机软件(CAD)排料,可以达到方便、快速、准确的效果,大大提高了生产效益。

排料时必须考虑到逆顺毛向、逆顺光度、格子图案等问题。

(一)布料逆顺毛向或逆顺光度

在排板时必须根据客户要求,按同一方向排料。排好后,即一件衣服每个部位毛向或光向一致,做好区分标志。如果客户没有规定产品全部是顺毛(光)或逆毛(光),这种情况下排料都采取对合排法,即一半是顺毛(光)另一半是逆毛(光)。但一件必须毛(光)一致,这样可以节省用料。值得注意的是,在排料时,领面和一些翻折部位容易出错误,排料者往往考虑这些部位拼做过程而忽视做好后的效果恰恰相反。排料时,长毛面料一般毛向下(如羊绒),短毛面料一般毛向上(如灯芯绒)。短毛面料如果毛向下,做好的衣服看上去会出现泛白的视觉。

(二)布料对格

格子对称在裁剪排料上是最讲究的,难度最大,所以要考虑的问题也最多。

1. 条格左右对称

根据款式要求及面料格子大小不同,裁剪要求也不一样。一般格子明显的,左右片必须对称及丝缕必须要直,领面左右对称。后中如果割缝,则拼好后左右后片所组成的格子图形与缲好的领面格子对齐。所有零部件也应注意对称。特别注意正常加缝位的情况下组合格子对齐。

2. 条格、横格向对条

条格、横格都要对的产品,排料是非常困难的。既要考虑左右片横向格子对齐,又要考虑上下格子对齐。但有些部位上下格子是无法对齐的,如前后片腰省、上装里面的下袋(或袋盖)与前片等。配袖子时,袖片一定要与前片格子对齐,与后片对格一般不作要求。排板可按前、后、袖、领、零部件等顺序,后面以前面为参考。

3. 直条既要左右对条又要上下对条

先排后片,因为后片中缝拼合后,左右两边拼接处所构成的图形必须是与布料某一格子完全吻合及左右对称,所以后片在布料上能排位置也基本上已被限制。前片参考后片排,袖子参考前片排,领子参考后片排,口袋、袋盖与零部件一般参考所在位置的面布格子。如果前片收胸省及前片上有明袋或有袋盖,则口袋或袋盖应与胸省以前片格子对齐,胸省以后部位不要求对格,只要左右对称即可。

三、拉料

面料较薄或较柔软,拉料时必须先放一层裁剪纸。单层拉料长度要比实际排料长度加长2~3cm。手工拉料时,必须要两边工人同步,分别拉布料的两边。因为考虑有些面料宽窄有误差,拉料时应以一边为主,另一边辅助,也就是宽窄误差留在同一边。拉料时特别注意面料的松紧度要均匀,有些面料如果两边较紧,而中间很松,则可以考虑在布的两边用剪刀剪一些小的剪口,从而使面料拉起来平整。如果要裁的衣服是上下套装,而排料时上下装已分开排,则拉料前必须要计算好同质同色面料上衣拉多少、下装拉多少。这种情况下,一般是上下装数量不大,而布料颜色较多,便于车间上衣和下装分开生产;或生产急需,而纸样只有上衣或下装。在这种情况下,必须要对面料进行预算,当然排料时尽量上下装套排。如面料 F1200m、F2300m、F3250m、F4250m,要裁成 S:L=1:1 套装,用料情况如下。

上衣 S:2 件,L:2 件,排料共用 5.5m。

下装 S:2 件,L:2 件,排料共用 4m。

计算如下:

200/9.5＝21 层余 0.5m,考虑布料因长度误差和次品配片,则可拉 20 层,以此类推(表 2-5)。

表 2-5　拉料、排层

色卡＼规格	上　衣	下　装	层　数
F1	110m	80m	20 层
F2	170.5m	124m	31 层
F3	143m	104m	26 层
F4	143m	104m	26 层

切不可用整匹布拉成上衣或下装。拉料余下的面料,可分别用标签 F1、F2、F3、F4 粘贴记号,以方便换片。

拉料单记录见表 2-6。

拉料时,可用排料纸或零头废布放在 F1 与 F2、F2 与 F3、F3 与 F4 中间当作隔层。

拉料的方法有如下几种。

1. 同向单面拉料

即正面都朝上或都朝下拉,毛向一致。在裁片左右不对称时,要根据排料正反面进行拉料。如裤子拉链牌左右不对称,拉料时有正面、反面朝上之分等。这种方法操作简单方便,一般生产厂都采取这种拉法。

表2-6 裁剪拉料单(示例)

合同号:zjff-008　　产品名称:军训服上衣　　纸样号:1101-S1

客户:zjff　　第4床　　排料件数:4　　制单日期:

层数＼规格 色卡＼数量 编号	数量 m	上装 段长:5.8m 排料件数:S：L=2：2				用料	件数	余料	差额
		S 层	S 件	M 层	M 件		件	m	m
1	108	18	36	18	36		72	2	1.6
2	123	20	40	20	40		80	4.8	2.2
3	118	20	40	20	40		80	0.5	1.5
4	115	19	38	19	38		76	2	2.8
5	132	22	44	22	44		88	2.5	1.9
合计	596	99	198	99	198		396	11.8	10

2. 同向对合拉

布料毛向相同,正面与正面相叠,反面与反面相叠。这种拉料的方法,衣服必须左右对称。在数量较多的情况下,排料用半件排法,则拉料必须是对合拉。如排料是S：M：L＝1：1.5：0.5时。另外,车位不是流水作业而是整件作业时,裁剪一般都是同向对合拉,这样有利于生产。

3. 逆向对合拉

布料毛向相反,即一层正面相叠,一层反面相叠。一般用在夹里和衬的拉料时,裁片必须是左右对称。

四、裁剪

裁剪是将拉好的料,用裁剪刀裁成可缝纫的裁片。裁剪是车间生产的前提,直接影响车间生产及成品质量。

1. 电剪刀的种类

(1)圆刀片电剪机。其用来裁夹里或衬料,一般层数很少。

(2)直刀片电剪机。其用来裁面料、夹里、衬料,一般层数较多。

(3)带刀式电剪机。其有精修割片,一般用于过机以后的裁片修剪或针织面料的裁剪。

2. 裁剪方法

先用布夹夹住要裁的面料四周,裁时要有顺序性,先小再大,左手指分开轻轻按在要裁开线条的前面,推剪时要平稳,剪刀压脚松紧自由,眼睛看着压脚内边与画线平行,刀口与线重叠。刀片要经常用砂皮带打磨,如果实在不快,推电剪刀时要慢点,不然会出现上下层不一样大的现象。在裁剪过程中,未剪而移动裁剪刀时,必须把裁剪刀开关关掉,以防发生意外。裁剪时不能忘记打刀眼,且刀眼不能太深,一般长 0.3~0.5cm。裁好后,主管人员要一一核对。核对的方法是最低一层与最上面一层相比,大小误差要在准误差之内。值得注意的是,在推电剪刀时,如果感觉很重,必须停下来检查原因,切不可猛推。

裁剪人员要把裁好的废布条(一般是布边),整齐地放在规定的地方,以备分包人员分包时扎号。裁片裁好后,千万不能把裁片上的排料纸丢掉,裁片上的排料纸是分包的唯一依据。裁好后,裁剪师必须把裁片归类存放。

五、打编号

为了保证每一件衣服所有裁片都是由同一层面料所裁,裁片裁好后,在每一片上都打上编号,同一件衣服上所有裁片编号都一样。可以用自动打号机打,要注意的是,编号纸打的位置非常重要。

有些面料编号纸打过后,编号纸上的胶层粘在面料上,从而影响产品质量。出现这种情况时,裁片在裁的过程中可以在某个部位裁大一个小角以用于打编号。当然这个角不能影响排料,不能因为一个小角而使单件用料增多,裁剪师可以在多余部位裁角。

编号纸不能打在缝合线的位置上,如果打在缝合线上,车间生产缝合时,编号纸一定要撕下。否则粘过编号纸的部位就会粘住缝纫机牙齿或压脚,从而影响生产和缝合效果。如果碰上这种问题,缝纫时可涂点画粉。

打过编号纸后要核对,保证同一件衣服所有裁片的编号都是完全一致的。检查方法是看最下一层的同一件衣服所有编号是否一致,裁片从最上一层到最下一层,如果有一片裁片对不上,则必须查看这一裁片所在这一叠的哪个位置出了错。

六、查片换片

为了保证所有裁片在进入流水线生产之前都合格,裁剪主管必须要安排查片人员对每一片裁片进行检查,如抽纱、破纱、断纱、色差、色斑、油渍、污渍等。发现以上问题时要正确处理,抽纱可以补纱,油渍、污渍可以用专用洗洁剂洗涤,尽量使之变为可用裁片。如有必要则进行换片,换片时必须注意是同一匹面料,颜色一样。新换裁片的丝缕、毛向、周围剪口等要与被换的裁片完全一样。换好后,将被换片上的编号粘到新换的裁片上,同时做好记录,把疵布放在规定的位置。换片人员换片时,必须记录换片原因、换片部位、换片数量,并把疵布放在规定的位置,以备面料清算时使用。一般企业在面料开裁前就进行过面料检查,并在疵点位置上打上标签,验片时只要根据标签换片就可以。

七、分包

分包是将裁片按一定顺序和方法用布条扎成若干个小包,在布条上系上包号。分包之前必须要写(印)包号,分包是为了方便车间生产,在写包号时必须根据衣服零部件的繁简,写成若干个小包号。下面以裁剪拉料和纸样为参考说明包号的写法。实裁拉料见表2-7。

表 2-7　实裁拉料表

色卡 \ 号型 \ 数量	S	M	L
F1	20	30	10
F2	10	15	5
F3	14	21	7
F4	20	30	10

从以上表格可以看出 S 码 2 件排,M 码 3 件排,L 码 1 件排。F1 面料拉了 10 层,F2 拉 5 层,F3 拉 7 层,F4 拉 10 层。包号可以根据上面数据写成下面这些大包。

第一种　　S-1-20　　　　M-5-30　　　　L-9-10
　　　　　S-2-10　　　　M-6-15　　　　L-10-5
　　　　　S-3-14　　　　M-7-21　　　　L-11-7
　　　　　S-4-20　　　　M-8-30　　　　L-12-10
第二种　　S-1-20　　　　M-2-30　　　　L-3-10
　　　　　S-4-10　　　　M-5-15　　　　L-6-5
　　　　　S-7-14　　　　M-8-21　　　　L-9-7
　　　　　S-10-20　　　　M-11-30　　　　L-12-10

若衣服纸样上由前片、后片、领、袖、克夫、口袋、袋盖、挂面等八个部位组成,则小包号写成如下:

S-1-20 共写八张相同的小包号,"S"表示尺码,"1"表示包号,"20"表示件数。S 码最上面的 10 层同为"1"包号。两个 S 码前片最上 10 层和在一起挂上"S-1-20"包号,两个 S 码后片最上 10 层和在一起挂上"S-1-20"包号,两个 S 码领片最上 10 层和在一起挂上"S-1-20"包号,最上 10 层的各个部件分别扎好。"S"码裁片从上往下 11 层到 15 层为"S-2-10"扎号,16 层到 22 层为"S-3-14"扎号,23 层到 32 层为"S-4-20"扎号,三个 M 码前片最上 10 层和在一起挂上"M-5-30"包号。

以此类推,从 1 包号到 12 包号分别扎号。扎包号时,将布条穿到已填好的包号单孔中并打结,防止包号纸掉落,再按顺序将对应的裁片扎起来。扎好以后应根据生产需要,将裁片按各个单部件分类存放。

八、过机压衬

一般企业里都是用黏合机压衬,过机时必须先调整好与面料、衬性能相吻合的温度和压力。压衬时必须先打开开关,并调整好额定温度、压力和转数等。两边红色显示灯都不停地闪亮时,才可以进行布料压衬。过机时衬的四周一定不能比裁片大，否则衬会粘在压衬机皮带上。为了保证过机效果和提高效率，企业里一般采取先排衬，再用熨斗固定衬与裁片，再过机的方法操作。排衬的方法是把一层面料一层衬，相叠起来，当叠到一定高度时再用熨斗烫压固定，然后放入压衬机压衬。裁片进入压衬机时，以直丝缕方向为好。

有些面料过机时会粘在皮带上，可用纸张和夹里垫着过机，如胶质面料、皮革等。过机之前必须用零布试机，看效果是否合格，然后才可把裁片大量过机。过机过程中突然卡机，皮带不能转动时，必须用摇手不停转动皮带，直到皮带能自动转动或温度已下降到一定读数为止。裁片粘好后，先把黏合机温度调到 0，让其皮带正常转动，大概 40min 左右，温度已低于 50℃，这时电源开关才可断开。如果高温下让皮带不转动，里面的热量散发不出来，时间一长，皮带就会损坏。

九、割片

在前面讲过有些裁片要整片压衬，因考虑压衬怕缩小变形，所以裁片都已放大，也就是毛裁。裁片烫后要经过精修才可以进入车间生产。有些企业里有专用割片机，如没有专用割片机，可以用裁剪刀修割。割片时，要注意裁片丝缕是否准确。割片要由裁剪专业人员进行。

十、裁片存放

将裁好或割好的裁片按组别分开，再依照不同部位有序存放在固定的位置上（表 2-8）。

表 2-8　裁片存放表

一组	前片	后片	袖	领、口袋	夹里	其他	其他
款号	存放	存放	存放	存放	存放	存放	存放
二组	前片	后片	袖	领、口袋	夹里	其他	其他
款号	存放	存放	存放	存放	存放	存放	存放
三组	前片	后片	袖	领、口袋	夹里	其他	其他
款号	存放	存放	存放	存放	存放	存放	存放
四组	前片	后片	袖	领、口袋	夹里	其他	其他
款号	存放	存放	存放	存放	存放	存放	存放
五组	前片	后片	袖	领、口袋	夹里	其他	其他
款号	存放	存放	存放	存放	存放	存放	存放

裁剪报告书见表 2-9，裁剪车间日报表见表 2-10。

表 2-9 裁剪报告书(示例)

合同号:zjff-008　　　　款号:1101-S1　　　　生产批号:szxy-A8

单件用料:1.45m　　　　396 件　　　　制单:王＊＊　　　　制单日期:

日 期	反顺	C/#	S	M	L			备　　考
11.5.8		米色	198		198			

备注:

共用料 596m,余料 11.8m,差额 10m,实际平均用料 1.505m/件。

面料　596　m　　里料　　　　　m　　衬里用料　　　　　m

表 2-10 裁剪车间日报表(示例)

产品名称:军训服上衣						产品名称:军训服上衣						产品名称:						产品名称:					
合约号:zjff008						合约号:zjff008						合约号:						合约号:					
生产单号:101-S1						生产单号:101-S1						生产单号:						生产单号:					
工艺单号:1101-S1						工艺单号:101-S1						工艺单号:						工艺单号:					
计划数:380 件						计划数:600 件						计划数:						计划数:					
数量	日期	累计	发出	累计	结存	数量	日期	累计	发出	累计	结存	数量	日期	累计	发出	累计	结存	数量	日期	累计	发出	累计	结存
396	5.8		0		396	608	5.8		0		608												
合计																							

制表人:陈＊＊　　　　　　　　制表日期:

第三节　生产车间

一、车间主任

(一)车间主任任职条件

车间主任全权负责整个车间的一切日常事务：车间人事安排、产品数量和质量的控制、车间工作时间的安排、协调车间各部之间的关系等。车间主任工作效率的高低直接影响生产速度、产品质量及工人工作心态。为了保障车间的正常运作，生产高效率，车间主任应该具备以下几个条件：丰富的管理经验、较强的责任心、娴熟的缝制技能和较强的语言表达能力。

1. 丰富的管理经验

车间主任应该具备多年流水线生产管理经验，能合理系统地安排流水线工序表，对于一个新产品能透彻地分析难易点及能预测生产过程中易出现的一系列问题，提前提醒生产组长，要求其采取措施，防止流水线过程中某一环节出现问题而影响整个流水线的正常运作及产品质量。

车间主任根据生产计划合理下达每个生产组生产任务，并每天根据生产需要下达各个组加班情况的通知，能准确地掌握每个组的生产质量和生产进度，确保按质按量完成厂部下达的任务。

2. 有较强的责任心

责任心是指个人对自己和集体所负责任的认识，以及在工作中承担责任和履行义务的态度。车间主任作为一个车间里的领头羊，必须具备较强的责任心，加强车间管理，调动广大员工工作积极性，包括：质量管理；车间卫生管理；员工管理；产能管理。在开新款时做好产前准备指导与预防工作，在大货生产过程中做好监督与协调工作。公平、公正，敢于抉择、敢于承担。在车间里树立良好的个人形象，能秉承一种负责、敬业的精神，一种服从、诚实的态度。

3. 娴熟的缝制技能

服装产品在流水线生产过程中每个部位都是由工人利用缝制设备，靠手工来完成，这就要求工人必须具备熟练的手工工艺技能，特别是时装流水线。每道生产工序都不能按固定不变的模式和方法来制作，必须根据实际情况灵活运用，尽量用最简捷的方法生产出合格的产品。一般来说车间主任都经历了试样→组长→车间主任这一过程，基本上都能用简捷的方法来指导工人，从而达到提高生产效率的目的。

4. 较强的语言表达能力

车间主任是一位管理者而不是一位制作员工，所以语言表达能力至关重要。对外与各部门之间的衔接与沟通：如与样板房、样衣间、裁床、后整理、IC、QC等部门的衔接与沟通；对内与本车间所有员工的沟通。车间主任在处理日常事务时尽量做到"人性化"管理。现在的服装企业严重缺少工人,特别是一线缝纫工,如何让"企"业里的"人"不流走,是每个企业对管理者重要的考核指标。本着服务的理念进行管理尤为重要。

此外,车间主任还要具备做样衣的能力,这样才能合理安排生产车间的生产工序表,才能合理计算出每道工序的价格表。工序价格表在生产车间至关重要,涉及每个车位的工资。

单工序价格计算方法,一般分为两个过程:第一,产品在投入流水线生产之前,车间主任或指定生产组长要对单件裁片(大批裁片中抽1件)进行缝制并记下每个部位实做时间及整件缝制时间(秒为单位),由单价除以总时间算出每秒价值,以此为基数分别算出各部位的价格。另外,在此基础上要考虑消耗时间,如找包号,对编号,工序制作之间的取料,做好之后的摆放等。例如前片上开2个中口袋要30min,拼1件肩缝需1min,也就是实做1h开袋有4次取片与存放,拼肩缝有60次取片与存放,若拼肩缝1件取片与存放需0.5min,那1h实际只能做40件。在计算工价时要考虑实做时间及额外消耗时间。第二,工序单价格初步制订以后,一般都在组里投产以后几天再确定,因为单工序的专业制作与整件衣服的单工序所需时间有很大出入。

有些厂的工价是由技术科制订,特别是西服、西裤、衬衫等厂,这些厂的单工价基本上是固定不变的。时装厂的工价确定比较复杂,因为款式变化快、量小、面料性能不稳定等因素,都给制订工价带来不便,有些工序看起来很复杂,做起来却很快;有些工序看起来很简单,做起来却不快。能否制订合理的工序价格是衡量一个车间主任能力与经验的重要指标。

(二)车间主任主要日常工作

(1)按厂部要求做好车间管理制度建设。

(2)按厂部的指令,落实好生产计划。

(3)认真抓好产品质量工作。

(4)认真抓好安全生产,节约生产。

(5)做好质量体系和和环境卫生体系工作。

(6)职工教育培训工作。

(7)做好生产设备、计量器具的保管保养工作。

(8)抓好职工劳动工资有关工作。

(9)做好每款的总结。

(10)安排工序表,制订工价。

(11)处理好本车间的突发事情。

(12)处理好与其他部门的衔接工作。

(13)实施7S管理,做到节约、安全、素养、清洁、清扫、整理、整顿。

车间主任常用的表格有生产通知单(表2-11)、工厂日生产汇总表(表2-12),流水线工序工价表(表2-13),生产指示书(表2-14),作业指示书(表2-15),成品、半成品月报表见表2-16等。

表 2-11 生产通知单(示例)

合同号:zjff008　　　　　　　加工指示书:1101-S1　　　　　　　产品:军训服上衣
客户:浙江纺院　　　　　　　　纸型:1101-S1　　　　　　　　　制单日期:

产品品号	面料品号	颜色	同号	非织造布衬	里子	领里	树脂衬	胸衬	垫肩	袖条	领衬	口袋布	领襻	内扣	小衬
38012	415	米色	6100	√							√				
		迷彩	120	1000m											
				袖口衬				棉平带	袖孔带	两面棉平带					
				√											
				50#缝纫	30#锁眼	20#眼衬	150#手缝	8#扣线	120#扎纱	90#拷边	60#袖扣	扣子	包装袋		12#平缝机针
				米色400团						√		米色1.2cm直径5万颗	4200个		50包

装饰袋　　　　　贴袋　　　　　衣袋盖　　　　　大扣　　　　　　上衣胸商标
大袋　　　　　　开袋　　　　　笔袋　　　　　　袖扣
里子　　　　　　半里子　　　　无　　　　　　　开衩

表 2-12 工厂日生产汇总表(示例)

制作单位:10服设1班　　　　　　　单位:100　件　　　　　　　制单日期:

产品名称	生产单号	计划数	裁剪		缝纫		撬边		整烫		包装		成品			备注
			日产	累计	日产	累计	日产	累计	日产	累计	日产	累计	日产	累计		
军训服上衣	1101-S1	400	400		59	100			40	60			59	100		
合计																

制表人:汪＊＊

表 2-13 流水线工序工价表 (示例)

合同号	zjff-008	生产款号	1101-S1	产品名称	军训服上衣
工序	内容			人数	价格
1	烫门里襟、胸袋			2	
2	烫领、袖克夫、肩章			2	
3	整烫			2	
4	拷边			1.5	
5	做门襟、里襟			1.5	
6	做前袋			0.5	
7	贴前袋			1	
8	上育克,合肩缝			1	
9	装袖			2	
10	合侧缝,袖底缝			1	
11	做领			3	
12	装领			4	
13	做克夫			1	
14	绱克夫			1	
15	卷底摆			1.5	
16	点位			1	
17	锁眼			1	
18	钉扣			1	
19	包装			1	
20	组长			1	
21	检验			1	
22					
车间主任	汪＊＊	组长	陈＊＊	制单日期	

表 2-14 生产指示书 (示例)

客户	浙江纺院	合同号	zjff008	产品名称	军训服上衣
纸样型号	1101-S1		生产款号		1101-S1

款式图

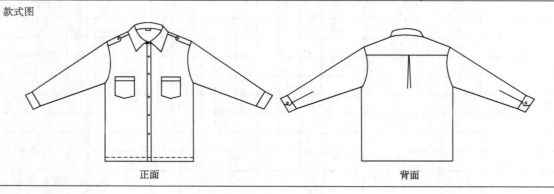

正面　　　　　　　　　　　　背面

续表

			S	M	L		备　注
	A			400			1. 提前一天领取裁片,并根据样衣进行清点复核
	B						2. 认真阅读生产工艺单
	C						3. 生产过程中严格控制质量
							4. 成品完成后线头剪干净,熨烫、包装完整
							5. 包装后10件一组,扎线"十"字形,统一上交
	合计						

生产日期				完成日期			
厂长		张＊＊		车间主任	汪＊＊	组长	陈＊＊

表 2-15　作业指示书(示例)

裁决	负责人	首席	总监	2011 年 4 月 20 日		裁决	面料室	CAD	开发室	生产部	MD	副经理室	经理室
王＊	张＊	叶＊	李＊			张＊	张＊	伍＊	陶＊	汪＊			

款号	1101-S1	指示区分		入库日期	2011.5.29	质检	出:		主色:米色			
							入:	面料所需量	配色:迷彩			
样板号	1101-S1	加工厂:10服设1-8班 10服工1-2班		出库日期	2011.9.15	销售期间	2011.9.15		夹里:无			
品号	1101-S1	数量:4000 件		工厂价格	42 元	面料入库	2011.4.30					
材料价	27 元	加工费:15 元		消费价	50 元							

面料小样	颜色	面料出库量	规格＼数量	S	M	L	XL	XXL	规格＼项目	S	M	L	XL
主色	米色	6108m		600件	800件	1000件	1000件	400件	肩宽(cm)	46	47	48	49
									胸围(cm)	114	118	122	126
配色	迷彩	120m		600件	800件	1000件	1000件	400件	腰围(cm)	114	118	122	126
									臀围(cm)	114	118	122	126
									袖长(cm)	59.5	61	62.5	64
									袖肥(cm)	45	46	47	48
									袖口(cm)	29	30	31	32
									下摆(cm)	114	118	122	126
									衣长(cm)	70	72	74	76
									腰围(cm)				
									臀围(cm)				
									横裆(cm)				

续表

面料小样	颜色	面料出库量	规格数量	S	M	L	XL	XXL	规格项目	S	M	L	XL
									裤脚(cm)				
			款式图						裤长(cm)				
									裙长(cm)				
									备注				

表 2-16　成品、半成品月报表(示例)

产品名称	生产单号	计划数	单位	成品	半成品	备注
军训服上衣	1101-S1	400	10 服设 1	59	141	
军训服上衣	1101-S1	400	10 服设 1	60	140	
军训服上衣	1101-S1	400	10 服设 1	48	152	
军训服上衣	1101-S1	400	10 服设 1	60	140	
军训服上衣	1101-S1	400	10 服设 1	65	135	
军训服上衣	1101-S1	400	10 服设 1	70	130	

制表人：　李＊＊　　　　　　　　　　　　　制表日期：

二、组长

（一）组长具备条件

组长是生产车间的直接管理者，主要负责全组人员工序安排，能很好地调动每个工人的积极性，按时完成厂部下达的任务，同时配合质检人员控制产品质量。组长要具备技术娴熟、有生产管理实际经验、思路清晰、组织能力强、工作积极、认真负责等优点。

组长在接到生产通知之后，务必立即对新产品样衣的缝制过程进行彻底地了解，并对每道工序的工作量做出正确的估计。若对某道工序不太了解，则必须在流水线投产之前对这一工序进行试样。若有必要则对这一整件衣服进行试制，或者与车间主任进行商量、切磋，直到完全了解为止，切不可模棱两可就让车位进行流水线作业。

开新款时，组长必须亲自示范指导车位操作且要讲明注意点，对车位生产的开始几个产品进行严格检查。如果组长指导错误，或对车位开始几个产品检查时麻痹大意，未发现问题而导致大批产品出现质量问题，则要负全部责任。

流水线是由很多员工密切配合来做进行流水线作业。每个员工的技术速度及特长都不一样，而每件衣服也是由不同部位组合而成，有难易、繁简之分，所以组长安排时必须达到初级技术人员和高级技术人员都能各展所长，尽量使工人工序固定不变，切不可因人员相处原因而有意变动工人工序。这样的情况在有些企业时有发生。组长对待员工应是一视同仁，无亲、疏之分。只有平等待人才能有说服力，才能充分调动员工的积极性。

组长是一个组里的灵魂和枢纽，对工作必须高度负责，对各个工序的生产状况了如指掌，能保障每个员工都能固定地制作每道工序，要充分发挥流水线的稳定性、高效性等特点。若某道工序出现生产进度不协调时，特别是中间环节过快过慢时，一定要及时调整，安排人员补上。

组长因示范不到位或对车位产品检查不细，导致产品质量出现问题时，要敢于承担责任。若是因车位原因出现质量问题，组长要积极指导并配合车位解决问题。在没有出现严重后果的情况下，组长不宜过激批评车位，只要其纠正错误并能返工即可。组长有时在车工做错返工时，可以同其一起进行修改，这样可以增进双方感情，有利于工作。

（二）组长的主要日常工作

（1）在新款流水生产之前，要看懂工艺要求，认真分析每个部位的制作，提前准备好所有工具，包括各种纸样。

（2）合理安排流水工序表上的工号，根据实际需要可适当调整车间主任提供的工序，能保障所有工人在正常情况下都有固定的工序做，这是流水线正常运作的前提。

（3）正确指导每个员工的工序制作，并能很好地帮其想出简捷方法，从而提高效率，这是体现组长能力的重要标志之一。

（4）能准确掌握每道工序的流水进度，从而使流水线不会出现工序积压或断流现象。

（5）能及时发现车位中出现的错误并能指导其纠正及马上返工，避免出现某个工序大量返工，而使流水线瘫痪。

（6）记录车位出勤率，严格控制车位的迟到、早退、请假、旷工等现象，并根据实际情况采取一定措施来防止此类现象发生。流水线作业是靠大家齐心协力，各就其位，各尽其责来同步生产,共同完成任务,如果有人员经常迟到、早退、请假、旷工等,则势必会造成流水线不能正常畅通运作。

(7)设定日期目标,坚决实施。在规定的时间内,在稳定员工的情况下,提高产量是每位组长最终的目标。

组长所做的一切都是为了两个目标,即稳定员工和提高产量。同时,这也是对组长业绩考核的主要方面。

(三)如何安排流水线

所谓流水线作业,即每一件衣服从裁片→各个部位的制作→完整的衣服,所有部位的不同工序,都是由员工分别在不同的固定位置上制作,即"物流人不流"。组长如何把员工分别安排在不同的位置上,直接关系生产速度和产品品质,下面有几点可供参考。

(1)把工人按技术分等级。

(2)把工序按难易分等级。

(3)尽量分开本流(衣身或缝合)和支流(零件)。

(4)同种类、同性质的工序,尽量集中在同一操作、同一机型上。

(5)作业的分工要因地制宜,要培养多面手。如衣身工序的最初工艺,要找一个有耐心、精神集中、作业稳定的人去完成。

(6)将衣身和零件相缝合的工序(如衣袖缝合,即绱袖),要找细心而掌握多种技能的人(精通与此有关工序的人)去做。

(7)常缺勤的人,尽管其技能高,也只能分配到零件工序。

(8)同一工序中需要2名以上员工时,要配同期进厂的员工或同一水平的员工。

(9)流水线进行得不顺,有断流或积压货时,组长要及时进行调整。如果发现某一工序出现质量问题,最好安排其他工人或原工人的其他时间去返修,不能因返工而影响整个流水线的运作。

(10)当流水线在制作过程中,零部件出现多或少的情况下,组长务必要让这道工序的员工马上清查,直到完全正确。

三、组检

产品质量是企业的生命力,是对客户或顾客保证信誉的前提。组检作为生产第一线的质量把关人员,必须要最早、最快、最准发现问题,把返工率控制在最小范围之内。检查好比急救车,立即赶到现场是关键,防止再发生同样问题。

由于每个厂的产品定位不同,工人工资及待遇不同,产品质量要求也就不一样。组检必须要非常熟悉本厂的质量标准。

组检对组里每位生产员工都必须要求严格。特别是员工做新的产品或新的工序时,组检有责任和义务到车位上去检查,要做到先严后松,这样既有质量保证,又不会影响到生产速度。这里值得一提的是,有些组检与某些车位关系较好,从而对其产品"放水"。如果被"跟单"或上级领导检出这道工序存在大量不合格问题,这时好心就会变成恶意,不但增大返工难度,同时下道工序也会受到牵连。因此,组检在检查产品时不要存在任何个人感情,不要抱侥幸心理。

组检要具备一定的语言表达能力,在退回产品与车位返工时要根据实际情况与车位交流,对于新手或技术不很好的工人要讲明返工原因,对于技术好的工人则没有必要细说返工原因,有时细说反而使他们产生逆反心理。有些组检看到车工大量返工时,心里一急就想做示范给车工看,这是不可取的。原因是:不是自己分内事最好不要做,企业每道程序责任都是明确的;如果做不好反而留下一个把柄给员工,这就会弄巧成拙。

组检在检查半成品、成品时,一定要按标准严格地对每一道工序进行检查,不能因车位的返工率大而违背工作原则。高标准与低要求对于熟练工人来说只是质量意识问题,习惯与不习惯。在流水线生产过程中本身没有太多的难易工序之分。低档产品质量要求不严,员工平时质量意识不够,返工率自然很高。高档产品质量要求非常严格,员工平时质量意识很强,工作时非常小心,返工率也会较低。同样,一个生产车间车位都是熟练工,他们可以生产出达标的高档产品,也可以生产出不达标的低档产品,这就看管理人员怎样去管理了。

为了保证产品的质量达到要求,一般生产车间产品检验都分为半成品检查和成品检查两种,组检应根据实际需要对半成品重要的零部件进行检查,同时对成品进行整体检查。具体情况以女西服为例。

(一)半成品质量检查要点

1. **线迹**

线的粗细与颜色是否与布相符,针迹密度是否正常,面线与底线的情况是否正常,有无吊紧、断线的情况。

2. **袋盖**

丝绺、大小、形状、松紧、窝势等。

3. **口袋**

先单个检查嵌线、角度、宽窄、袋口、袋布等,再左右对合检查高低、省位、侧缝位置等。如果是格子面料,直条要对省缝前面条子,横条左右都要对条。

4. **门襟**

(1)丝绺是否正确。

(2)驳头窝势:挂面横向、纵向都有足够松量。

(3)驳头翻折:挂面有个突出量的处理,使驳头以此点自然翻折。

(4)第一粒扣至最后一粒扣这段,挂面略松,这点初学者往往会弄反。

(5)最后一粒扣至下摆,挂面略紧,注意不能反吐。

(6)左右对合检查,是否左右对称、大小一致。

5. **领**

丝绺、大小、窝势、缝位等。

格子面料,领后中必须与衣身后中对条,且领左右对格子。领脚缝份要求:面领领脚围度比里领领脚围度一般要短点,面领宽度比里领宽度要大。大多少要根据实际面料的厚薄来定,丝料0.3cm左右,毛料0.5cm左右,绒料0.8cm左右。

6. 绱领

平服,领口到位,左右对称(对三点),面、里领差量恰到好处。

注意面布环开,平驳头领口缝合线要与挂面驳头缝合线成一条直线,合领脚只合后中一段,缝合线对齐,端点至折点处不缝合。

7. 袖

止口大小一致,线迹圆顺,刀眼对合。袖口大小,袖口定位,撬边,面、里缝合定位,夹里坐缝,袖底夹里与面布长短等是否符合要求,是否装丝带及位置是否对。

8. 绱袖

(1)袖窿不能环开。

(2)肩缝长短左右一致,肩宽符合尺寸。

(3)肩缝不能后撤。

(4)袖子圆顺,吃势到位。

(5)左右位置正确,左右对称。

(6)订肩棉方法正确,肩棉略松,袖山挺顺,不影响袖窿形状。

(二)成品检查

1. 检查夹里的复合情况

(1)长短:既要保证足够的坐缝份,又要保证离下摆边的距离。

(2)横向松紧:平摆面里松紧一致,拉开松量,在夹里坐缝里。

(3)夹里与面布缝合:夹里略松,但不能起皱。

2. 检查各部位的定位情况

领、肩处、袖山处、腋下处、倒缝处、下摆处、袖口处、袖下处等部位。

3. 检查左右对称情况

领、门襟、口袋、下摆、袖等。

4. 量尺寸规格

按尺寸表量出各部位的尺寸是否在准误差之内。一般上衣量胸围、臀围、衣长、袖长、肩宽、袖口,裤裙量长度、腰围、臀围、下摆(脚口)。

5. 复查各小部位

门襟、袋盖、袋口、领口、下摆、侧缝、袖口等部位是否平服、有无线头。

检查出来的问题要有记录,生产车间返修记录单见表2-17。

表2-17 生产车间返回修记录单(示例)

生产单号:____1101-S1____   合同号:____zjff008____   制单日期:_____

序号	质 量 问 题	星期一	星期二	星期三	星期四	星期五	星期六	星期日	合 计
1	前袋高低	5	3	7	0	0			
2	门襟缉线不均匀	3	6	2	0	0			
3	上领左右不对称	6	7		1	0			
4	装袖止口缉线宽窄不一致	7	5	3	6	2			

续表

序号	质 量 问 题	星期一	星期二	星期三	星期四	星期五	星期六	星期日	合 计
5	装领不平服	2	1	4	2	3			
6	装袖克夫上下止口不均匀	7	3	5	2	1			
7	下摆缉线宽窄不一致	1	3	2	4	1			
8									
9									
10									
11									
12									
13									
14									
15									
16									
	检验数								
	返修数								

检验员:李＊＊　　　　　　　　　　　　　　　填表人:汪＊＊

四、产品收发

把工人做好的产品收起来,没做的产品再发下去让工人做,这个过程叫产品收发。负责这项工作的人员叫收发员。收发员是一个生产组里所有车工运作之间的联络员,对一个组生产快慢起重要作用。

(1)收发员能准确地将前道已合格完成的产品及时送到下道工序制作人员手中(即送到将完成或已刚完成手中工序制作的员工手中)。需要检查的半成品,则送到质检员处。

(2)能保证流水线上所有员工都有属于自己的固定工作,这是非常重要的。

(3)收发员必须做到条理清楚,所有半成品或成品摆放有序。

(4)熟练掌握所有工人的流水作业进度,能准确地知道前道工序什么时候做好,后道工序什么时候需要。

(5)在流水作业过程中,收发员发现人数安排不妥的情况时,一定要及时向组长反映。组长要据实作出相应的调整。

这里有一个方法可供参考,就是制作一张流程进度记录表(表2-18)。

表2-18　流程进度记录表

扎号 \ 工序	1	2	3	4	5	6	7	8	9	10	11	12	13	14	15	16
S-1-20	ф	ф	ф	ф	ф	ф	ф	ф	ф	ф	ф	ф	ф	ф	ф	○
S-2-18	ф	ф	ф	ф	ф	ф	ф	ф	ф	ф	ф	○	○	○	○	
S-3-17	ф	ф	ф	ф	ф	ф	ф	ф	ф	○	○					
S-4-19	ф	ф	ф	ф	ф	ф	○	○	○							
M-5-20	ф	ф	ф	ф	○	○										
M-6-18	ф	ф	ф	○												
M-7-17	ф	ф	○													
M-8-19	○	○														

将每批生产的数量按扎号填入表格中,再把每道工序已做好的记上"φ",正在做的"○",没做的空格,这样收发员一看表格,哪些已做好,哪些正在做,哪些没做,一目了然。收发员每次收起来和发下去都要在表格上记录好。

现在很多企业都引进工序传送设备,如智能悬挂系统、单件流传送带等,这样就没有必要配收发员了。

五、开包

将裁片从裁剪处领来,并将裁片在流水线缝制生产之前进行必要的处理工作,这一过程称为开包。从事开包工作的人也通常被称为开包,其主要工作和责任如下。

(1)根据生产通知单领取裁片(核对所有裁片的款号、尺码、部位、数量)和辅料。

(2)领取车间所需要各种纸样及交还各种所不需纸样。

(3)对毛裁片进行正确叠放,以供裁剪人员进行精修割片。

(4)对裁剪未发现而车工发现的或车工损坏的裁片进行换片。

(5)点省位、袋位。

开包通常可以帮助组长处理一些与各部门交接的问题,如领取、退还各种纸样,领面料、辅料等。因为是一些交接性的工作,在割片时一定不能拿错纸板,必须认真核对纸样和裁片的款号、型号、数量等。由于生产车间都是配码生产,即几个码同时生产,如果割片的纸样拿错了,后果不堪设想。

六、缝纫车工

车工即缝纫人员,是企业的主力军,是企业产品的主要制造者。服装在加工过程中主要由车工依靠缝纫机械来完成制作。

根据流水线作业的特点,车工一般都被按技术好坏分配在不同的工序上作业。车工心态的稳定是一个企业得以存在和发展的重要保证。

(一)缝纫车工应遵守事项

(1)事先通过组长的示范讲解,充分理解规格和款式。车工不管做了多少年,不管对这道工序多么熟练,在做新的款式时都必须要经过组长的指导,不能擅自开始做。如果组长没有空,车工可以事先做一个给组长看,确定正确无误后才可以进行流水线作业。

(2)按所规定的(技术标准、作用标准)进行作业。

(3)由于是流水线作业,所以不同车位的工序不同。车工必须服从组长的分配,要有责任感。"责任"是指很好地完成被分配的工作,而不是负责或不负责的问题。

(4)工序的确定。后工序的作业者应确定前工序作业正常之后,方能进入自己的工序作业。后道工序作业者肩负着前道工序的检查工作,当然这是附带的。

(5)机械器具的检查。所使用的机械器具类,应根据检查表的程序进行检查,缝纫机的状态要随时保持正常。一天的作业开始之前,必须试制一下,确认机器的状态。面料有改变时,由于上下线张力的改变,车线质量可能会出现问题,因此必须试缝。如有问题应及时与组长或机修联系。

（6）作业完成之后,每天清扫缝纫机、操作台。

（7）下班之前要整理好已做好或没做好的部件,做到井然有序。

（8）技能和素质的提升。很多企业为了吸引员工,在员工技能和素质提升方面也越来越重视。员工可以利用企业的培训进行自身技能和素质提升。

（二）车工常用缝纫工具

1. 机针

机针就是缝纫机专用钢针。机针按针杆粗细用号数表示,但与手针相反,机针的号数越大就越大。为了区别各种机针,在号数前都有一个型号。如"J"表示家用缝纫机针,"81"表示为包缝机针,"96"表示工业平缝机针等。机针的粗细是为了适应各种面料的缝制(表2-19)。

表2-19　针号适用表

针号	被缝纫面料
7（70）	薄纱布、薄绸、细麻纱
9（75）	薄化纤布、薄棉布、绸缎、薄府绸
11（90）	粗布、卡其布、薄呢
14（96）	粗厚棉布、薄绒布、灯芯绒
16（100）	厚绒布、薄帆布、大衣呢绒、牛仔布

2. 线

线主要用于衣片缝合或装饰。

根据成分不同,线分为涤纶线、丝线、棉线等。

根据形状不同,线分为大轴塔线和小轴线等。

根据用途不同,线分为拷边线、撬边线、刺绣线、三角针线等。

3. 镊子

镊子又称镊子钳,是缝纫时不可缺少的辅助工具,可用于穿线、推拉布缝头、翻烫各种角等。镊子主要是钢制的,要求弹性好,有硬度,钳口密合、无错位。

4. 锥子

锥子缝纫时的辅助工具,主要用于戳洞定位、拆线挑角等。

5. 磁铁

磁铁主要用于压明线时起固定宽度作用,如压门襟、腰头、袋盖、领等。

6. 定规

定规装在压脚上面,主要用于辅助压拼接处单边明止口,如压袖笼、后中、裤侧缝、前后复势等。

7. 压脚

（1）起皱压脚:用来辅助完成专业效果的打褶皱,可以将上下两层薄布料同步缝合,并且底层薄料自动走出打褶效果,适用于一些薄面料进行细花边和褶边的效果缝制。

（2）卷边压脚：用来辅助完成专业效果的卷边，可以将布料边缘卷起细小的三折边，并用中心直线针迹进行缝合，适用于一些薄面料的锁边效果不好时来进行卷边处理。

（3）单边压脚：用来安装开放式拉链和滚条滚边，可以沿着硬条的边缘进行紧贴式缝制，如沙发套边缘的硬条滚边处理等。压脚上带有可调式装置，能够随时调整压脚的左右位置和距离来适应各种滚边缝制。

（4）专用隐形拉链压脚：用来帮助完成隐形拉链的安装与缝制，可以紧贴隐形拉链进行缝纫，如裙子上的各种隐形拉链安装。压脚上带有特殊的槽孔来导入隐形拉链，从而带来完美的缝合、安装效果。

（5）嵌线压脚：又称为包线压脚，通常用于嵌线装饰缝纫。

（6）不粘压脚：用于缝制皮革或各种带有金属涂层的光滑面料等，可以在皮革或者有金属涂层的特殊光滑面料上轻松缝制各种针迹。压脚为特氟龙材质制作而成。

七、熨烫

熨烫是服装缝制中的重要组成部分，服装行业内常用"三分缝七分烫"来强调熨烫的重要性。熨烫贯穿于缝制工艺的始终。

熨烫就是利用衣料纤维的可塑性，在流水线制作过程中，通过对裁片的热缩变形，即所谓的"推、归、拔"工艺，使平面裁片达到适应人体体型和活动的需要，从而弥补裁片的不足，使服装达到造型得体、外形美观、穿着舒服的效果。工厂流水线生产不再像小作坊一样，靠工人手工一点一点地"推、归、拔"，而是利用专用机械设备，通过专业人员的操作加工，从而达到预想的效果。

熨烫分为两种：中烫和大烫。大烫属于后道，后面会讲解，下面讲中烫。中烫是制作过程中零部件的熨烫，包括对零部件的划、修、剪、翻、挑、拔、烫等。中烫贯穿于整个流水线作业，是对每个部位的定型处理。每个部位烫得好坏直接影响成品的总体质量。可以这样说，一个产品质量好坏，看看中烫怎样运作就知道了。中烫穿插的次数越多，止口修理得越到位，烫的方式越细致，产品质量就越高。

中烫常用设备有吸风烫台、蒸汽熨斗、烫布、长烫板、弓形烫板、布馒头、铁凳、袖窿垫等；常用工具有剪刀、镊子、锥子、小钢尺等；常用敷料有普通划粉、褪色划粉，蜡笔、褪色笔等。

中烫的运作方式如下。

（1）事先理解规格及款式。

（2）按所规定的技术标准、作用标准进行作业。

（3）熨烫之前必须先调试好与被烫的面料性能相吻合的温度，同时在烫的过程中还要注意湿度、压力、合理的时间和冷却方法。

（4）根据面料的薄厚和性能合理修理止口大小。中高档产品的止口必须修成高低缝。

（5）翻止口：止口翻得好坏对熨烫至关重要，一般用镊子钳翻角。翻角时先用镊子钳夹住缝缝的两个角，镊子钳夹着止口转90°，再按角平分线方向轻轻用力往里捅，差不多到位时再用力往两边靠，直到角的形状达到要求。

（6）烫止口：一般情况下，左手边拨动止口边往前烫。面料难烫时，先把缝缝烫开再翻过来烫，特别是烫圆角。

（7）特殊部位的烫工处理。

①斜缝：把裁片按纸样大小放好，布料丝绺一定要正确，再用0.8cm直牵条沿边烫牢，烫时左手拿着牵条稍微带紧。

②肩缝：一般烫在前片上，合缝没有夹里时牵条烫在前片正面，其余都烫在反面，烫时左手拿着牵条稍微放松。

③袖笼：先把裁片放好，用熨斗把袖笼稍归拢，再用袖笼牵条烫牢固。没夹里的时装袖，牵条要烫在正面，止口不能超过0.8cm。烫好后，再用熨斗轻轻地把止口周围烫平。

④门襟：先把面布摆平，丝绺一定要直，牵条烫上去时，牵条平平烫劳，切不可带紧，带紧了面布会起吊。若下摆是圆角，则烫斜牵条。

第四节　后道整理

一、后道手工

手针工艺缝纫简称手工。尽管目前使用缝纫设备比较普遍，一些手工制作都被机械制作所代替，但手针缝纫还是有其独特之处：工具简单，缝制灵活、方便、随意，并能做出各种复杂和精细的针迹。正是这些特点决定着手工不可完全被替代。下面主要介绍工厂常用的几种手工制作。

（一）肩棉

为了使衣服肩胸饱满、圆顺，从而在肩下垫一只肩棉。根据不同款式的需要，使用的肩棉种类很多，订的方法也多种多样。一般情况下，插肩袖用圆头肩棉，西服用平头肩棉，时装用平头圆头肩棉。

订肩棉的方法通常有如下三种。

（1）按肩缝线迹订肩棉，如插肩袖。

（2）按袖笼线迹订肩棉，同时在肩缝上把肩棉与肩缝固定一点（离开肩棉端点2cm，且要1cm活动量）。

（3）按袖笼线迹订肩棉，同时在肩缝上把肩棉与肩缝固定一段（离开肩棉端点2cm）。

一般无夹里的衣服订肩棉，线不订穿肩棉。有夹里的衣服订肩棉，线要订穿肩棉。

（二）缲下摆、挂面等

时装、西服、大衣等的挂面、下摆处通常要做手工，常用两种方法：暗缲和三角针。高档衣服的手工制作讲究起针和收针。

线头的隐藏：起针时，先走空隐藏线头再打结；收针时，先打结再走空隐藏线头。

打结的方法：通常情况下是先在线头上打结再做手工。如果面料薄及组织稀疏，则必须在面料上直接打结。

(三)缲拉手连套

通常为了固定面与夹里、面与里贴而采用的手工制作,称为缲拉手连套。

二、锁眼、套结、钉扣

1. 锁眼

常用的锁眼种类有平头眼、圆头眼、平头圆头眼三种。根据锁眼的线迹,还分为曲折形锁式线迹和链式线迹等多种。目前使用的以锁式线迹为主。按锁眼的工作形式,可分为先切后锁和先锁后切两种。先切后锁的扣眼边缘光滑,外表质量较好,扣眼大小、缝针针数可以调节。

2. 套结

套结用来缝制裤带襻环、钉商标、扣眼封口、袋口加固以及进行各种形状的花样等。打结机又称套结机,套结长短、缝针针数可以调节。有平缝打结缝型和花样打结缝型两种。

3. 钉扣

分手工钉和机钉两种。衬衫、西裤的纽扣一般用机钉,特点是速度快、效率高,但扣脚不够长。时装和西装一般用手工钉,根据面料的厚薄要缠足够的扣脚。

三、大烫(整烫)

大烫即成品熨烫,它是对缝制后的服装作最后的定型与保型处理。通过蒸汽热塑,适当改变纺织纤维的伸缩度和织物的经纬密度与方向,从而适应人体体型与活动状况的要求,达到外型合体、美观、大方、穿着舒适之目的。

大烫运作要点如下。

(1)掌握面料性能。

(2)先调试好熨斗(温度和湿度),在预备的白布上用力试擦熨斗,同时整理干净台面。

(3)根据面料的性能不同,要控制好熨斗与面布的接触面,这是大烫必备的技能。一般情况下,熨斗不能直接压在面布正面来回摩擦烫,特别是深色面料,一定要垫一块透气性较好的白布,甚至要垫一块特制的烫台布。如果面料是绒布,一烫就会把绒毛烫死烫平,甚至变色,这时必须垫特制的烫台绒布。

(4)掌握熨烫的顺序和熨斗运作方向。一般情况下,先里后面、先整体后局部。如西服的整烫顺序:烫前片→烫侧缝→烫后片→烫驳头→烫领子→烫领头→烫大袖→烫小袖→烫袖笼→烫袖山。这个顺序仅供参考,熨烫工艺流程不是一成不变的。同一面料不同款式或同一款式不同面料的服装,其熨烫工艺流程有时也不一样;同面料同款式不同人,操作顺序也有可能不同。总之,能做到优质高效就行。

(5)要掌握烫不同部位的力度。如袖山不能直压,只能喷气,力度过大,袖就会变形。如烫大小袖片,熨斗一定不能压着袖折边,一压就会出现烫迹,烫迹一般很难处理掉。

四、成品检验

对生产车间生产的成品进行质量检查,是企业生产过程中一个重要环节。质检人员必须树立"质量第一"、"以质量求生存"的思想。

成衣检查程序一般如下。

（1）检查尺寸，根据尺寸表进行检查，并将结果记入检查表内。

（2）检查缝制质量。

①检查顺序一般为：自上而下，先外后里，自左而右检查。

②检查时站立为宜。将被查成品穿在人体模型上（裙、裤放在台板上）。这样视野开阔，整体感强。

③检查的重点放在成品的正面外观上，然后翻向里侧，检查里布外观，最后检查缝迹等细节。

④检查标准：应按照规定的相关专业标准检查（国际标准、国际标准、企业标准）。

（3）检查后整理。

合格产品→挂牌→包装

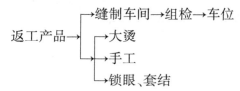

五、挂牌

挂牌一般由产品说明卡和修补袋组成。产品说明卡上一般注明产品名称、产品成分、洗涤说明、厂家等内容，修补袋内装有配扣、修补线和修补布。上衣挂牌通常挂在扣眼上，西服、时装挂牌挂在袖襻上（袖襻：袖口内侧离袖口边 1.5~2cm 处装的小襻，长 1cm），下装挂牌通常挂在裤带襻上，裙挂牌挂在侧腰丝带上。

六、包装

包装最初的目的是使产品在仓储和流动过程中仍保持原有的品质。随着生产的发展和生活水平的不断提高，包装需求不再是单纯的保护功能，更多的是体现产品价值和起到广告作用，从而促进商品销售，提高企业的知名度。

1. 材料

包装材料主要有木材、纸张、纸板、塑料复合材料、干燥剂、防虫剂等。

2. 形式

成品服装包装主要以折叠包装、真空包装、立体包装和内外包装几种形式。

（1）折叠包装。折叠包装是包装最常用的一种形式。折叠时要把服装的特色之处、款式的重点部位显示于可见位置。折叠好后方可装入相应的包装袋或盒中。

（2）真空包装。真空包装可缩小服装体积和减少服装重量，能方便储运，降低运输成本，特别适应一些棉绒类体积大的服装。

（3）立体包装。立体包装是将服装套在衣架上，外套包装袋，可充分保证商品的外观质量，如西服。

(4)内外包装。内包装也叫小包装,通常在数量上以单件、套为单位进行包装,以方便零售、分拨、计量、再包装。小包装袋上要贴上尺码标。外包装也叫大包装、运输包装,是在商品的内包装外再增加一层包装,以保障商品在流通中的完好,使装卸、运输、储存、保管和计量更方便,如打包、装箱。装好箱以后,要填写装箱单(表2-20)。

表 2-20 装箱单(示例)

始发地:___宁波___   发经地:___宁波___   箱号:___1___   日期:_____

箱号	色别	规格	货号	每 箱 搭 配					每箱件/套	共计数量件/套	每箱毛重(kg)	每箱净重(kg)	每箱体积(cm)
				S	M	L	XL	XXL					
1	米色	S		250					250		38	36	60×50×80
2	米色	S		250					250		38	36	60×50×80
3	米色	M			250				250		40	38	60×50×80
4	米色	M			250				250		40	38	60×50×80
5	米色	M			250				250		40	38	60×50×80
6	米色	L				220			220		39	37	60×50×80
7	米色	L				220			220		39	37	60×50×80
8	米色	L				220			220		39	37	60×50×80
9	米色	L				220			220		39	37	60×50×80
10	米色	XL					220		220		41.5	39.5	60×50×80
11	米色	XL					220		220		41.5	39.5	60×50×80
12	米色	XL					220		220		41.5	39.5	60×50×80
13	米色	XL					220		220		41.5	39.5	60×50×80
14	米色	S、L		100		120			220		37.58	35.58	60×50×80
15	米色	M、XL			50		120		170		35.15	33.15	60×50×80

☞ 思考与练习

1. 在裁剪样板和工艺样板制作完成后,需要进行哪些方面的核对?

2. 生产技术科试做样衣要注意哪些事项?

3. 生产车间常用的工艺样板有哪些?

4. 开裁前要做哪些准备工作?

5. 一般工厂在生产时,如何进行排料才能节省面料?

6. 如何排流水线?

第三章　军训服流水线生产实例

本章知识点

1. 了解生产准备过程中的各个环节,以及裁剪方案的确定、分包要点。

2. 掌握军训服的缝制工艺及工序分析。

第一节　生产准备

一、款式资料及头样确认

(一)样衣制作通知单

样衣制作通知单见表3-1、表3-2。

表3-1　样衣制作通知单(示例)

款名:军训服			设计号:2011001	款号:1101-S1	季节:秋
序号	部位名称	规格(cm)	款式图		
1	衣长(后中量)	72			
2	袖长(含克夫)	61			
3	肩宽	47			
4	胸围	118			
5	腰围				正面
6	下摆	118			
7	袖肥(全围)	46			
8	袖口(打开量)	30			
9	袖口(扣拢量)	22			
10	克夫高	5			
11	上领围	39			
12	胸袋高	13			背面
13	胸袋宽	11.5			

续表

面料	名称	实样:贴样布	
	全棉平纹布		
里料	无		
辅料	纽扣	米色树脂扣,直径1.2cm	与面料颜色相配
	缝线	米色50#	与面料颜色相配

设计说明: 　　各部位明止口均为0.6cm,有肩章和胸袋,直筒款式,后中有一个阴裥,平下摆	单件用量	面料	1.5m
		里料	
		辅料	非织造布衬0.2m
	设计		陈＊＊
制单日期:　　年　月　　完成日期:　　年　月	审核		汪＊＊

注　批准后,技术科凭此单领料、打样,不准无单打样。

表3-2　服装样衣制作通知单(示例)

款名:军训服		设计号:2011001		款号:1101-K1	季节:秋
序号	部位名称	规格(cm)	款式图		
1	裤外长(含腰)	102			
2	腰围	85			
3	臀围	106			
4	横裆	66			
5	脚口	42			
6	侧袋高	19.5			
7	侧袋宽	19			
8	腰高	4	正面	背面	

面料	名称	迷彩裤	
	全棉迷彩斜纹布	实样:贴样布	
里料	无		
辅料	纽扣	黑色树脂扣,直径为1.5cm	缝线
	拉链	25cm长,尼龙拉链	黑色50#

设计说明: 　　侧袋为立体袋,脚口装襻距底摆5cm,可调节脚口大小。纽扣在前片,间距为6cm,脚口边三折光2cm	单件用量	面料	1.15m
		里料	
		辅料	非织造布衬0.05m
	设计		陈＊＊
制单日期:　　年　月　　完成日期:　　年　月	审核		汪＊＊

注　批准后,技术科凭此单领料、打样,不准无单打样。

(二)头样确认意见

(1)军训服 1101-S1 头样确认意见如下,在产前样中必须做出更改。

①工艺可以。

②尺寸误差太大,在大货中需注意:胸围+2cm、袖长+1.5cm、上领围-1cm、袖肥+1.5cm,其他部位尺寸可以。

③板型可以,前胸袋往上移 1.5cm。

(2)军训服 1101-K1 头样确认如下,在产前样中必须做出更改。

①款式可以。

②拉链不能起拱,门襟压线要圆顺。

③尺寸误差:裤外长-1.5cm、腰围-1cm,其他尺寸可以。

④贴袋往上平移 3cm。

⑤距底摆 5cm,左右要对称,纽扣间距统一为 6cm。

二、生产准备阶段

服装生产准备阶段的主要任务是为服装生产提供物质和技术上的保证,主要包括材料准备、材料的检验与测试、材料的预缩与整理、样品试制四个方面。其他可统归为两大类,即原材料和生产技术的准备。

服装成衣化生产过程中,原材料的准备包括原材料的选择、进厂材料的复核与检验、材料的预缩整理等内容。生产的技术准备是指产品在投入生产前所进行的各种技术性准备工作,如根据客人确认意见进行一系列的样板修改复核、工艺设计、产前样试制、工序安排讨论等,以使生产过程更加科学合理,产品质量得到保证,从而使经济效益达到最佳。

(一)服装原材料的准备工序

1. 材料准备

服装材料品种多而复杂,根据款式设计要求列出该套服装所需的面辅料(表3-3)。

表3-3　面辅料备料单(示例)

品名:军训服		订单号:ZJ-2011-1		制单日期:		
生产数量:3500(套)				要求到货日期:		
主料名称	主料幅宽规格	单位	单耗(m)	计划用料	实际用料	面料小样
全棉单色衬衫料	1.4	m	1.35			
全棉迷彩裤子料	1.4	m	1.18			
辅料名称	辅料规格	单位	单耗(m)	计划用料	实际用料	辅料小样
粘衬	1.2m	m	0.4			
拉链	15cm	根	1			
上衣纽扣	0.8cm	粒	7			
裤子纽扣	1.5cm	粒	5	17850	17680	
包装袋	30cm×35cm	个	1	3570	3550	
尺码标		个	2	7140	7080	

选料时应考虑以下几个方面。

(1)根据产品的特点,面料要求全棉质地,较厚实,耐磨度好。

(2)价格要适宜。

(3)辅料质地、颜色要与面料相匹配。

(4)最好有现货产品,质量方面好把关,而且不会耽误时间。

在材料的准备中,除了考虑选择品种和规格外,还要考虑材料的数量和材料的损耗。材料的损耗包括自然回缩的损耗、缩水率的损耗、织疵的损耗、裁剪断料的损耗、残疵产品的损耗、面料的正常损耗及其他损耗等。因此,一般计划用料都要比实际用料多一些。具体备料比例各个工厂也不相同,视管理水平及技术水平来决定。

2. 材料的检验和测试

成衣生产投料前,必须对使用的材料进行质量检验和物理化学性能的测试。其目的是掌握材料性能的有关数据和资料,以便在生产过程中采取相应的工艺手段和技术措施,提高产品质量及材料的利用率。测试的内容有数量复核、疵病检验、伸缩率测试、缝缩率测试、色牢度测试、耐热度测试等。

3. 材料的预缩和整理

服装材料在生产加工时,会造成在织物内部存在着不同的应力,将会影响服装成品形态的稳定性。由于材料中存在的变形因素不同,所以预缩过程中可采用自然预缩、湿预缩、热预。

(二)服装生产的技术准备

1. 样板修改复核

根据客人确认意见及尺寸误差,检查误差的原因所在,然后进行样板的修改。1101-S1 款有几个部位的尺寸偏大,检查样板尺寸后,发现面料不进行成衣水洗,样板缩率尺寸放得太多,而领围偏小的原因是因为迷彩斜纹布经向热缩率比较大,所以导致领围偏小。1101-K1 款两个部位尺寸偏小,也是因为迷彩斜纹布料经向热缩率比较大,找出原因后就可以进行样板的修改,完成后进行最后的复核。

2. 产前样衣试制

样衣试制过程中要重视相关技术数据的测定与记录,作为日后制订成衣生产的加工工艺、质量标准、成本核算、生产定额等工作的重要依据。

3. 技术数据的测定

(1)工时测定。在样衣试制过程中,对每一个工序要测出"操作时间"。这些数据作为制订生产劳动定额、生产进度控制、工序分析与改进、工序编制及生产效率核算的重要依据。该套服装工时测定及人员安排表见表 3-4、表 3-5。

(2)材料消耗测定。对该产品所需的各种材料,如面料、里料、衬布、缝线、纽扣、拉链等辅料,必须测定和计算耗用量,并做好记录。这些数据是成本核算的基础。

(3)工艺技术参数测定。通过样品试制,对生产中各项技术参数进行测定,并考察其可行性,如裁剪、粘合、缝纫及整烫等各项工艺参数,以此作为制订技术措施及设备调试的依据。

表3-4　工时测定表(上装)

款名:军训服	款号:1101-S1	测定人员:李＊＊	
序　号	工序名称	用时(s)	用人数
A-1	烫门里襟、胸袋	120	2
A-2	烫领、袖克夫、肩章	116	2
A-3	整烫	110	2
B-1	拷边	80	1.5
C-1	做门、里襟	80	1.5
C-2	做前袋	30	0.5
C-3	贴前袋	60	1
C-4	上育克、合肩缝	80	1
C-5	装袖	120	2
C-6	合侧缝、袖底缝	80	1
C-7	做领	180	3
C-8	装领	240	4
C-9	做克夫	60	1
C-10	绱克夫	60	1
C-11	卷底摆	90	1.5
D-12	点位	65	1
D-13	锁眼	60	1
D-14	钉扣	60	1
D-15	包装	60	1
合计		1751	28

表3-5　工时测定表(下装)

款名:军训服	款号:1101-K1	测定人员:李＊＊	
序　号	工序名称	用时(s)	用人数
A-1	烫腰、烫裤襻	82	1
A-2	烫侧袋、脚口襻	85	1
A-3	整烫	100	1
B-1	拷门里襟、前裆、内裆	85	1
B-2	拷侧缝、拷后裆	85	1
C-1	做裤襻、里襟	38	0.5
C-2	做侧袋	45	0.5
C-3	做脚口襻	30	0.5

款名:军训服	款号:1101-K1	测定人员:张＊＊	
序　号	工序名称	用时(s)	用人数
C-4	装门襟拉链	88	1
C-5	装里襟、压前裆	80	1
C-6	收后省、打前褶	39	0.5
C-7	拼侧缝	160	2
C-8	贴侧袋	166	2
C-9	拼后裆、压裆	65	1
C-10	拼内缝	86	1
C-11	绱腰	240	3
C-12	订裤襻	80	1
C-13	卷脚口	70	1
D-1	锁眼、钉扣	88	1
D-2	包装	30	1
合计		1742	22

第二节　裁剪工艺

合理制订裁剪方案是顺利进行裁剪工程的前提。通过制订裁剪方案,不仅为各工序提供了生产的依据,而且能够合理地利用生产条件,充分提高生产效率,有效节约原材料,为优质高产创造条件。对于一批生产任务,如何进行裁剪,方案有多种。即使是一批很简单的生产任务,也不止一种裁剪方案。一般来讲,每种方案都各有利弊,究竟采用哪种方案为好,要根据具体生产条件确定。为此,制订裁剪方案时应该遵循以下原则。

一、符合生产条件

生产条件是制订裁剪方案的主要依据。因此制订方案时,首先要了解生产这种服装产品所具备的各种生产条件,其中包括裁剪设备情况、面料性能、加工能力等。根据这些条件,确定铺料的最多层数和最大长度。

(1)铺料层数:即裁剪厚度。其主要由裁剪刀的长度和面料的厚度来决定。一般电剪刀的刀刃长度为13~33cm,而最大裁剪厚度必须是刀刃长度减4cm。因此,根据裁刀的最大裁剪厚度和面料的厚度,就可以得出铺料的最多层数。

(2)铺料长度:主要由裁床的长度(即台板长度)决定。一般台板长度为3~24m左右,常见的为6~12m。铺料长度要考虑现有的台板长度。这也会影响分床,即台板长度越长,铺料越长,可减少床数,提高效率,但台板长度也会受到设备、场地等的限制。

二、有利于提高生产效率

生产过程中,要尽量避免重复劳动。如本来可以一床裁好的面料,用两床来裁,就得重复铺料、划样裁剪。所以应尽量将同一规格、颜色不同或面料不同(但缩率一致的)的放在同一床内裁,相同件数、不同规格的也最好能放在一起裁,尽量减少床数,以提高生产效率。

三、确保裁片质量

(1)在工业化生产中,往往由于面料的性能受到限制,不允许铺料太多,如松软、易滑易窜的面料(如锦纶面料),铺料层数太多,容易影响裁片的规格质量。

(2)要考虑面料耐热性能。面料耐热性能越差,铺层越多,摩擦发热刀片升温就高,面料会受到损伤,相应地应减少铺料层数。

(3)要考虑服装质量的要求及裁剪工的技术水平。铺层越多,裁剪误差会越大(偏刀),裁剪的难度也越大。质量要求高的品种,或者裁剪工人技术水平不高时,应适当减少铺料的层数,以保证裁剪质量。

四、有利于节约面料

一般来说,规格要大中小搭配。铺料长度越长,越有利于节约面料,主要是长度长,有利于紧密套排。另一方面是段料损耗,铺料段长越长,两边的损耗就越小。如前所述,节约面料对于服装厂很关键,是需要重视的问题。目前对于外销的服装厂来讲,面辅料的消耗都是搞定额的,即服装外贸公司给服装厂规定的每件衣服的用量,超出不补,省下来归服装厂。由于目前服装厂外贸利润很低,往往要从节省面料上下工夫。特别是对于较高档的面料来说,每件衣服只要节省一点点,如5cm,就可增加较多的利润。如果浪费了一点点,对于大批量生产来讲,就有可能亏本。因此,这一点是分床、排料最主要的原则。

(一)裁剪方案制订实例

例1　某批军训服订单生产数量见表3-6。

表3-6　军训服订单生产数量表

客户:A	订单号:1101		款式名称:军训服		数量:3500 套	
加工单位:×××			交货日期:　年　月　日			
面料:100%棉米色(上衣),100%棉迷彩(裤子),见客供面料实样						
注:上衣下领脚内领配裤子迷彩料						
规格数量搭配						
规格	S	M	L	XL	XXL	合计
上衣(米色)	500	800	1000	800	400	3500
裤子(迷彩)	500	800	1000	800	400	3500

根据该单位裁剪生产条件,该面料最厚可开裁 300 层,裁床长最长可排 8m。根据以上条件可以排出很多种裁剪方案,以下列举 4 种方案进行比较分析,见表 3-7。

表 3-7 裁床尺码分配表

方案	床数	尺码分配	方案	床数	尺码分配
①	5 床	(2/S)×250	②	4 床	(2/S+2/XXL)×200
		(4/M)×200			(1/S)×100
		(4/L)×250			(2/M+2/L+2/XL)×300
		(4/XL)×200			(1/M+2/L+1/XL)×200
		(2/XXL)×200			
③	4 床	(2/S+2/XL)×250	④	3 床	(2/S+4/L)×250
		(2/XL)×150			(4/M+2/XXL)×200
		(2/M+2/L+2/XL)×200			(4/XL)×200
		(2/M+3/L)×200			

方案①:床数最多 5 床,铺料长度最短。尽管无重复,但要单独铺料 5 次,开裁 5 次,效率不高,而且不能各尺码间大小套裁,往往比较费料。

方案②:床数为 4 床,铺料长度总的有所加长,长短差异较大。此方案比方案①效率要高,由于大小号套排,相对方案①较节约面料,但铺料长度长短差异较大,而且相同尺码分两床才裁完,因此也不是最好的裁剪方案。

方案③:床数同为 4 床,只是将规格 XL 号 2 件套裁。这样比方案②铺料长度要增加,有利于节约面料。但是划样及裁剪时间相对要延长,即效率较方案②低。

方案④:床数为 3 床,大小号套裁,床数最少,铺料最长,面料利用率最高,最省料,而且相同尺码在一床内完成,因此该方案可行性较好。

经过以上分析,工厂一般会选择方案④。

该批军训服生产任务确定的裁剪方案为 3 床。第一床铺料 250 层,每层套裁 S 号 2 件、L 号 4 件,共 6 件;第二床铺料 200 层,每层套裁 M 号 4 件、XXL 号 2 件,共 6 件;第三床铺料 200 层,每层套排 XL 号 4 件。

例 2 某订单为 1500 件西服,裁剪床长度为 8m,可裁 5 件,面料为全毛花呢,电剪最大裁剪厚度 15cm,最厚可开 150 层。该订单的尺码及数量搭配表见表 3-8。

表 3-8 尺码数量表

规格	80 号	84 号	88 号	92 号	96 号	100 号
件数	150	300	300	300	300	150

为了提高裁剪效率,同一规格应尽可能一次裁剪完成,避免排料、裁剪的重复劳动。由于生产条件所限,此种面料铺布层数不得超过 150 层,因此 84 号、88 号、92 号、96 号四个规格各生产 300 件就不可能一次剪完,必须分组。如若分为 2 组,每组 150 件,则符合限制条件。可考虑把

中间四个规格分为 2 组,然后与 80 号、100 号搭配进行裁剪。于是可以得出如下裁剪方案:

$$(1/80+1/84+1/88+1/92+1/96)\times150$$
$$(1/84+1/88+1/92+1/96+1/100)\times150$$

这个方案共分 2 床,每床铺布 150 层,每层套裁 5 件,符合生产条件。而且每床都是大小 5 个规格进行套裁,可以有效地节约用料。这个方案中没有不必要的重复劳动,裁剪效率高。因此方案可行。除上述方案,还可以有其他方案,例如:

$$(1/80+2/88+2/96)\times150$$
$$(2/84+2/92+1/100)\times150$$

相比之下,前一方案更为省料,按前一方案进行裁剪稍好一些。

例 3 某批长风衣分床实例。该厂裁剪条件段长只能两件排(表 3-9),铺料厚度不能超过 350 层。

表 3-9 尺码数量表

颜色 \ 规格 \ 数量	XS	S	M	L	XL	XXL
绿	80	80	80	80	80	80
红	80	80	80	80	80	80
蓝	80	160	80	160	80	80

根据该厂条件及生产数量可设计表 3-10 中的裁剪方案。

表 3-10 裁床尺码分配表

3 床	(1/XS+1/XL)×240	共 1600 件
	(1/S+1/L)×320	
	(1/M+1/XXL)×240	

这样分床既保证每个尺码在一床内完成,也可以大小号套排,而且床数也不会太多,铺料厚度也可行。因此,该裁剪方案设计较好。

例 4 不规则尺码搭配,若订单数量为 6000 件,数量分配见表 3-11。

表 3-11 裁剪数量分配表

编号 \ 数量 \ 尺码	36	37	38	39	40	41	42	43	44	45	46	47	48	各尺码裁剪件数
5-1			350	350	350	350	350	350	350	350				2800
5-2		200		200	200	200	200	200	200		200			1600
5-3						150	300	150	300					900
5-4					100			100		100	100	100	100	600
5-5	50	50												100
总计	50	250	350	550	650	700	850	800	850	450	355	100	100	6000

从以上例子可以看出,制订裁剪方案首先要根据生产条件确定裁剪的限制条件,然后在条件许可范围内,本着提高效率、节约用料、确保质量、有利生产的原则,根据生产任务的要求,把不同规格的生产批量进行组合搭配。一般情况下,计划部件下达的生产任务,各规格之间生产批量都成一定比例,有一定规律。只要分析各规格数字之间的特点,便可以找出适当的搭配关系。在有不同搭配方案的情况下,通过分析比较,选择最理想的方案,即可完成裁剪方案的制订工作。

(二)排料划样

1. 排料技巧

排料的重要目的之一就是节约用料,降低成本。服装企业根据多年的经验总结出"先大后小,紧密套排,缺口合并,规格搭配"的排料技巧。根据前面制订好的方案,分别在网格纸上绘制好各床的排料图,以便下一步裁剪使用。

2. 军训服上衣排料

军训服上衣排料如图 3-1 所示。

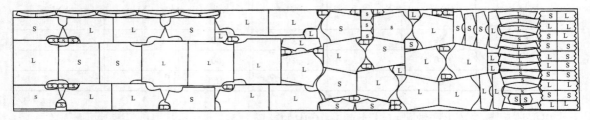

图 3-1 军训服上衣排料图

3. 军训服下装排料

军训服下装排料如图 3-2 所示。

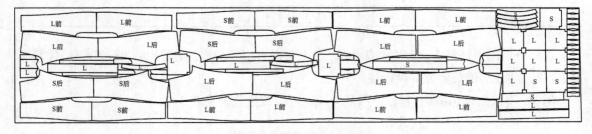

图 3-2 军训服下装排料图

(三)铺料

由于产品款式结构、原材料花型图案及门幅的不同,裁剪技术部门可以在诸多操作工艺中选择省时、省料的裁剪操作工艺。铺料方式可归纳为四种:回铺料方式、层一个面铺料方式、断翻身铺料方式和幅对折铺料方式。

不同的铺料方式,各有优点和缺点,选择时应该比较利弊,选择最合适的方式。在此款军训服生产中,因为面料无倒顺毛、无对花等特殊情况,可以直接采用单层一个面铺料方式来操作。铺料时要做好以下几方面的工艺技术要求。

（1）布面要拉平整。

（2）两边布边其中一侧要保证上下层对齐，最大误差不能超过 1cm。

（3）铺料长度要准确。

（4）段料要整齐。

（四）裁剪

服装工业裁剪最主要的工艺要求是裁剪精度要高，即裁出的衣片与样板之间的误差要小，各层衣片之间误差要小。正确掌握裁剪技术应注意以下几点。

（1）应先裁较小部件，后裁较大衣片。

（2）拐角处应从两个方向分别进刀，而不应直接拐角。

（3）左手压扶面料用力要适宜，不要向四周用力，以免面料上下层产生错动。

（4）保持裁刀垂直，减少误差。

（5）要保持裁刀锋利和清洁，以免裁片边缘起毛。

五、裁剪作业成本构成

（一）裁剪床数制作成本

（1）分床越多，制作成本越高。

（2）排料件数越多，制作成本越高。

（二）铺料作业成本

（1）每床铺料长度与排料长度有关，排料越短，铺布长度也短，成本越高。

（2）铺料条件越严，作业成本越高。

（3）铺料层数越少，成本越高。

（三）裁剪作业成本

（1）裁剪层数越少，成本越高。

（2）裁剪床数越多，成本越高。

（四）面料成本

（1）面料病疵越多，成本越高。

（2）幅度变化越大，成本越高。

（3）接匹越多，成本越高。

根据以上分析可知，裁剪成本包括两部分：一是人工费用，体现生产效率的高低；二是材料费用。

第三节　缝制工艺

一、缝制工序分析与制订

在服装生产过程中，由于专业设备和劳动分工的发展，服装制品生产过程往往分若干个工艺阶段,每个工艺阶段又分成不同工种和一系列上下联系的工序。

（一）军训服上衣工序

军训服上衣工序分析见表 3-12。

表 3-12　军训服上衣工序分析表

合同号	zjff-008	生产款号	1101-S1	产品名称	军训服上衣
工序		内容		人数	姓名
1		小烫		2	
2		做贴袋		1	
3		做门里襟		2	
4		拼复势		1	
5		合肩缝		1	
6		装袖		2	
7		合侧缝		1	
8		做领		2	
9		装领		2	
10		做袖克夫		1	
11		装袖克夫		1	
12		做小襻		1	
13		卷下摆		1	
14		拷边		1	
15		锁眼		1	
16		钉扣		1	
17		大烫		1	
18		杂工		1	
19		包装		1	
车间主任		汪＊＊		组　长	陈＊＊

（二）军训服下装工序

军训服下装工序分析见表 3-13。

表 3-13　军训服下装工序分析表

合同号	zjff-008	生产款号	1101-K1	产品名称	军训服下装
工序		内容		人数	姓名
1		小烫		2	
2		做口袋		1	
3		合侧缝		1	
4		贴口袋		2	

续表

合同号	zjff-008	生产款号		1101-K1	产品名称	军训服下装
工序		内容			人数	姓名
5		装门襟拉链			2	
6		拼后浪			1	
7		拼内侧缝			1	
8		做马王襻			1	
9		做装腰			4	
10		拷边			1	
11		做小襻			1	
12		卷脚口			1	
13		锁眼			1	
14		钉扣			1	
15		大烫			1	
16		杂工			1	
17		包装			1	
车间主任		汪＊＊		组 长		陈＊＊

二、衬料缝制

为了使服装在穿着过程中能保持挺括、美观、耐穿,并增加其保暖性,常在腰、领、袖口、挂面、驳头等部位垫进衬料。

(一)上衣衬料

上衣衬料衬垫如图 3-3 所示。

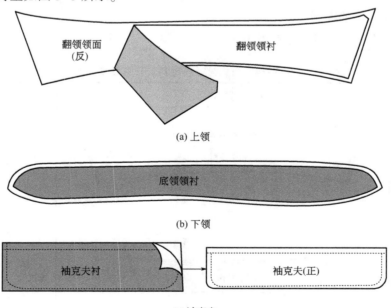

(a) 上领

(b) 下领

(c) 袖克夫

图 3-3 上衣衬料衬垫

(二) 下装衬料

下装衬料衬垫如图 3-4 所示。

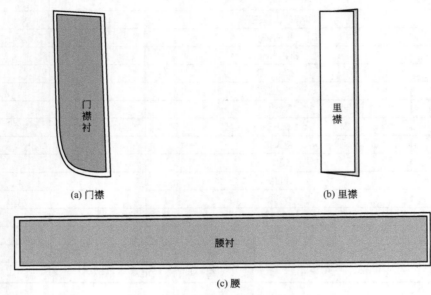

(a) 门襟   (b) 里襟

(c) 腰

图 3-4 下装衬料衬垫

三、部件缝制

服装由各个衣片和部件组合而成。常见的部件有衣领、衣袖、口袋、腰带等。服装款式的变化常取决于这些部件的造型变化,部件造型的变化又决定了其不同的缝制要求和方法。

(一) 男式衬衫领的缝制

男式衬衫领缝制工艺与要点见表 3-14。

表 3-14 男式衬衫领缝制工艺与要点

序号	工艺内容	工艺制作图	使用工具	缝制要点
1	粘领面衬和领角片	翻领领衬 领衬净缝线	熨斗	按照领面的净纸样剪领面衬并粘好领面衬,同时在领角处加放领角片
2	缝合领面和领里	翻领领里 翻领领面 翻领领衬	单针平缝机	将领面和领里的正面对合,把领里放在上面,领面放在下面车缝。这样领面会有一定的松量,便于做出领面的里外匀

续表

序号	工艺内容	工艺制作图	使用工具	缝制要点
3	修剪做缝、折烫做缝	翻领领衬	剪刀、单针平缝机	将做缝修剪至0.3cm的宽度,然后把做缝朝领面方向烫倒,使做缝线迹露在面上
4	翻正领面	止口线0.5cm 翻领领面(正)	熨斗	翻正领面,烫好里外匀,在领面的正面缉0.1cm止口线
5	粘下领的领里衬	底领领衬	熨斗	按净样剪下领的领里衬,粘好下领的领里
6	缉缝下领	底领领衬	熨斗、单针平缝机	折烫并缉缝下领领下口的做缝
7	缝合上领和下领	底领领衬	单针平缝机	将上领夹在下领领里和领面的中间,按0.7cm的做缝车缝
8	翻正下领	翻领领面(正) 底领领里(正)	单针平缝机	翻正下领,在下领的上口缉0.1cm的止口线

(二) 上衣口袋缝制

上衣口袋缝制工艺与要点见表3-15。

表3-15 上衣口袋缝制工艺与要点

序号	工艺内容	工艺制作图	使用工具	缝制要点
1	做袋口卷边	粘衬 反面 反面	熨斗	袋口贴边毛宽6cm,两折后净宽3cm

续表

序号	工艺内容	工艺制作图	使用工具	缝制要点
2	压口袋线	反面	单针平缝机	在烫好的口袋口上下压线 0.5cm
3	扣烫口袋	反面	熨斗	用口袋净样板扣烫三边
4	装胸贴袋		单针平缝机	装袋位置的高低、进出必须按缝制标记要求,放端正,不歪斜。如有条格要对齐。从左起针,止口 0.1cm。封袋口为直角三角形,最宽处止口为 0.5cm,下口尖形,长以贴边宽为准,左右封口大小相等。左手按住袋布,右手稍微把大身拉紧些,防止大身起皱

(三)袖开衩缝制

袖开衩的缝制工艺与要点见表 3-16。

表 3-16　袖开衩缝制工艺与要点

序号	工艺内容	工艺制作图	使用工具	缝制要点
1	扣烫袖衩条、剪袖衩	宝剑头门襟条　条形底襟条　宝剑头衩条　小衩条　袖片(正)	剪刀、熨斗	分别扣烫宝剑头衩条及小衩条。然后剪开袖衩 要求:衩条的下止口要稍宽 0.1cm

续表

序号	工艺内容	工艺制作图	使用工具	缝制要点
2	包缝小衩条		单针平缝机	1. 将小衩条正面向上,夹住衩口一边缝份,袖口要对齐。从三角处起向下车缝 0.1cm 止口 2. 将衩条一边的袖片向正面翻折,把衩条上端与三角缝合在一起 3. 注意:衩条下边不能漏缝,也不能缝得过多,应是 0.2cm 止口
3	包缝宝剑头衩条		单针平缝机	1. 先将宝剑头袖衩反面向上插到开衩中间,其缝份边缘与开衩对齐,再将面折转放平,要求盖住小衩条 2. 将宝剑头衩条翻到袖片下面,把小衩条移开,按图所示缉缝 3. 要求线迹均匀,尖位美观,左右袖衩位置对称

(四)袖克夫缝制

袖克夫缝制工艺与要点见表 3-17。

表 3-17　袖克夫缝制工艺与要点

1	烫袖克夫		熨斗	袖克夫反面粘衬,然后向反面折烫 1cm
2	缝制袖克夫		单针平缝机	1. 袖克夫沿中心线,正面相对对折,袖克夫里长出 1cm,两头压缉 1cm 缝头 2. 翻烫袖克夫,要求袖克夫宽窄一致,方角平整

(五)下装门襟拉链缝制

下装门襟拉链缝制工艺与要点见表 3-18。

表 3-18 下装门襟拉链缝制工艺与要点

序号	工艺内容	工艺制作图	使用工具	缝制要点
1	门里襟粘衬与包缝	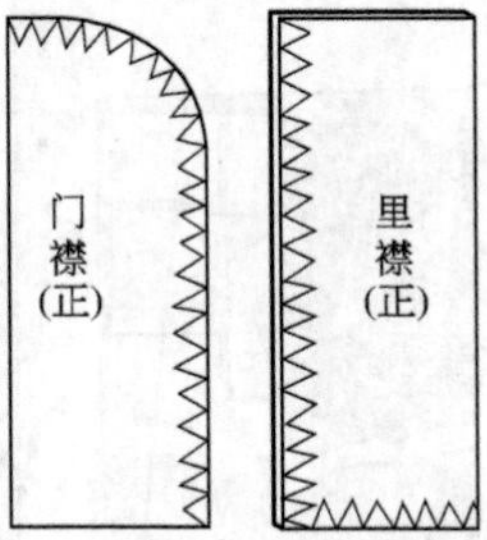 门襟(正) 里襟(正)	三线包缝机、熨斗	1. 用熨斗将非织造布黏合衬粘在门、里襟的反面 2. 门襟正面朝上,里襟对折后,包缝
2	包缝前裆缝	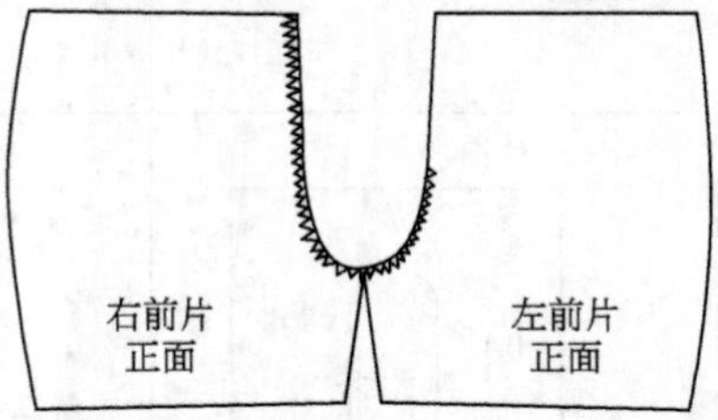 右前片正面 左前片正面	三线包缝机	右裤片全包缝,左裤片只包缝门襟止口以下部分
3	门襟贴边绱拉链	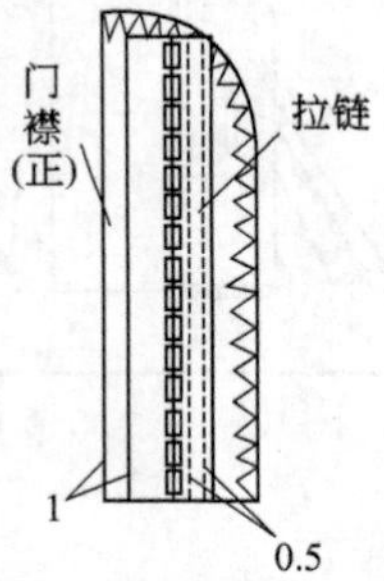 门襟(正) 拉链 1 0.5	单针平缝机	1. 将拉链与门襟贴边正面相对,一边链带与门襟直边距离如左图所示 2. 将拉链用双线缝于门襟上,要求拉链下端不能长于门襟贴边下端
4	绱门襟	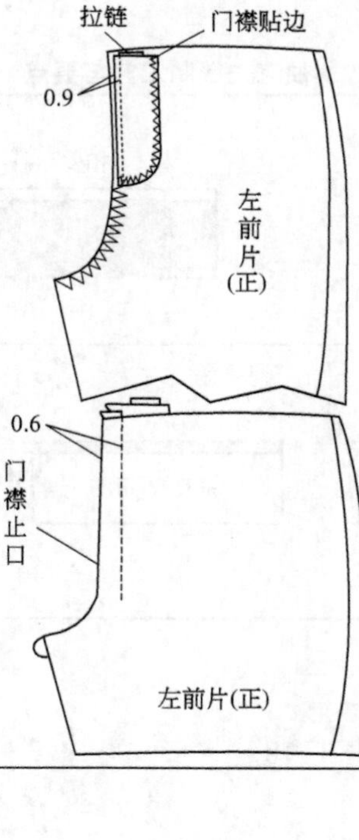 拉链 门襟贴边 0.9 左前片(正) 0.6 门襟止口 左前片(正)	单针平缝机	1. 将门襟贴边与左裤片正面相对,贴边直边和上口分别与裤片裆缝、腰口对齐,缝份 0.9cm 2. 将门襟贴边翻转扣烫,使贴边止口稍偏里,不外吐 3. 沿裤片止口压缉一道明线,要求平行止口,顺直均匀,无断线,无跳针

续表

序号	工艺内容	工艺制作图	使用工具	缝制要点
5	缉门襟明线	左前片(正)	单针平缝机	将门襟缉线模板放于裤前片,其上口对齐腰口,直边对齐前裆缝,沿模板另一边从腰口起缉明线
6	缝合拉链底襟和右裤片	右裤片(反)　0.2　右前片(正)　左前片(正)	单针平缝机	1. 将拉链另一边与里襟缝合,上腰口对齐 2. 拉链、里襟与右裤片正面相对,三者在腰口和裆缝处对齐后,平缝缉合 3. 将裤片正面翻上,压缉一道明线

(六)下装立体袋缝制

下装立体袋缝制工艺与要点见表3-19。

表3-19　下装立体袋缝制工艺与要点

序号	工艺内容	工艺制作图	使用工具	缝制要点
1	缝袋口	1　0.1	单针平缝机	袋口贴边毛宽2cm,两折后净宽1cm,缉0.1cm

序号	工艺内容	工艺制作图	使用工具	缝制要点
2	缉缝底角	0.4 打剪口	单针平缝机	将两个底角分别正面对折,对齐裁边,沿净线缉缝,缝份为0.4cm,车好后在缝份折边上打剪口
3	扣烫袋布缝份	3 劈开烫平	熨斗	将底角缝份劈开并将多余部分清剪,将袋布缝份翻向反面,挑出两个底角熨烫平整
4	缉缝口袋	裤子侧缝 0.8 口袋位	单针平缝机	在裤子正面袋位处画净线。把做好的口袋放在袋位处,对齐划线,标出对位点,然后缉线,缝份为0.8cm

四、组装缝制

一套服装各部件分别缝制好之后,进行组装缝制。在上衣组装中,装缝领袖是关键工序,其工艺要求比较高,装缝方法也有多种。

(一)衣领组装缝制

衣领组装缝制工艺与要点见表3-20。

表3-20　衣领组装缝制工艺与要点

序号	工艺内容	工艺制作图	使用工具	缝制要点
1	下领领面与衣身领口缝合	左前片(正)　右前片(正)	画粉	将衣身正面朝上,把下领领面的做缝和衣身领口做缝对合,按0.7cm缝份车缝

续表

序号	工艺内容	工艺制作图	使用工具	缝制要点
2	缉缝下领领里的止口线		单针平缝机、熨斗	把衣身翻向反面,将下领领里的下口扣压在衣身的领口上。从上领下口与原止口线交叉一段线迹(为了增加牢度不散线),缉缝下领领里下口的止口线

(二) 衣袖组装缝制

衣袖组装缝制工艺与要点见表3-21。

表3-21 衣袖组装缝制工艺与要点

序号	工艺内容	工艺制作图	使用工具	缝制要点
1	装袖	先车缝再包缝 袖(反)	单针平缝机	1. 将袖片袖山正面与衣身袖窿正面对合,袖山做缝1.5cm,袖窿做缝0.5cm 2. 缝合袖片与衣身袖窿 3. 然后将袖山做缝边在反面折光,把做缝在衣身袖窿的反面(这是第二道缝线)
2	装袖克夫		单针平缝机、熨斗	1. 将袖克夫里子的做缝和袖口边对齐缉袖口线 2. 再把袖克夫翻上来盖好袖克夫上口边,缉0.1cm的止口线,并沿袖克夫的边缘兜一圈

(三) 下装腰头组装缝制

下装腰头组装缝制工艺与要点见表3-22。

表3-22 下装腰头组装缝制工艺与要点

序号	工艺内容	工艺制作图	使用工具	缝制要点
1	绱腰头缝	0.2	单针平缝机	1. 绱腰时要按对位标记对位缝合 2. 腰面与腰里折边对称平齐,防止腰里漏缝、起涟

序号	工艺内容	工艺制作图	使用工具	缝制要点
2	缝腰头两端	0.2	单针平缝机、熨斗	1. 修掉腰头两端的多余部分,留1cm缝份 2. 将缝份向里折进,使腰头角方正平服,两端止口不能倒吐,且与门里襟止口平齐 3. 从腰头一端起缝,然后缝腰止口,最后缝腰头另一端,线迹平整美观、无跳针

(四)上衣组装缝制

上衣组装缝制工艺与要点见表3-23。

表3-23　上衣组装缝制工艺与要点

款式图	步骤	工艺内容（缝型）	使用工具	缝制要点
前面正面	1	贴袋	单针平缝机、熨斗	1. 装袋位置的高低、进出必须按缝制标记要求,放端正,不歪斜。从左起针,止口 0.1cm 2. 封袋口为直角三角形,最宽处止口为 0.5cm,下口尖形,长以贴边宽为准,左右封口大小相等。左手按住袋布,右手稍微把大身拉紧些,防止大身起皱
	2	门里襟	单针平缝机、熨斗	1. 粘门襟外翻边衬:即在衣身正面门襟外翻边反面粘衬,衬布宽为门襟外翻边净宽 2. 烫门襟外翻边:将门襟外翻边折转烫平 3. 缉门襟明线:在扣烫好的门襟外翻边两侧缉明线
背面正面	3	装后育克	单针平缝机、拷边机	1. 后育克反面向上放上层,后片正面向上放下层,缉线 1cm 2. 注意后背中心眼刀对齐,后片正面中间按眼刀打褶一个 3. 拷边
	4	拼肩缝	单针平缝机、拷边机	1. 缉肩缝。后身放在下层,前片放在上层反面向上,肩缝与肩缝放齐,领口处平齐,缉线 1cm。肩缝不可拉还 2. 拷边
8　5　7　6	5	装袖	单针平缝机、拷边机	1. 将袖片袖山正面与衣身袖窿正面对合,袖山的做缝1cm,缝合袖片与衣身袖窿 2. 拷边,在正面缉线 0.6cm
	6	拼侧缝	单针平缝机、拷边机	1. 缝合摆缝、袖底缝。前衣身放下层,后衣身放上层。右身从袖口向下摆方向缝合,左身从下摆向袖口方向缝合,袖底十字缝要对齐,上下层松紧一致 2. 拷边
	7	装袖克夫	单针平缝机	1. 按眼刀打褶裥,袖克夫正面与袖片方面 2. 正面相叠,袖口放齐,缉线 1cm 3. 翻至正面,袖片口正面缉线 0.6cm
	8	绱领	单针平缝机	1. 将衣身正面朝上,把下领领里和衣身领口做缝对合,按 0.7cm 缝份缝合 2. 把衣身翻向反面,将下领领面的下口扣压在衣身的领口上。从上领下口与原止口线重叠一段线迹(为了增加牢度不散线),缉缝下领领面下口的止口线

续表

款式图	步骤	工艺内容 （缝型）	使用工具	缝制要点
	9	卷下摆	单针平 缝机	贴边为 2.3cm，折边 0.8cm，车缝成品贴边实际宽为 1.5cm
	10	锁眼钉扣	锁眼机、 钉扣机	1. 锁眼。门襟底领锁横扣眼一个，进出以翻领角和门襟搭门 1.9cm 连接直线为扣眼大中线，扣眼高低居中底领宽 2. 门襟锁直扣眼五个，进出离门襟止口 1.9cm，定好最下边的扣眼位，然后等分定其他扣眼位 3. 钉纽。里襟底领纽位，高低、进出与扣眼相对。里襟纽位，高低应低于扣眼中心 0.1cm，进出与扣眼相对
	11	整烫	熨斗	1. 剪净线头，清洗污渍 2. 喷水熨烫，先把领头烫挺，前领口不可烫煞，留有窝势 3. 把袖子烫平，在褶裥处按褶烫平 4. 领放左边，下摆朝右边，摆平，门里襟前片向前翻开，熨烫后背及反面褶裥 5. 烫前身门里襟、贴袋 6. 扣好领口、门里襟等纽扣，按规定折衣包装

（五）下装组装缝制

下装组装缝制工艺与要点见表3-24。

表 3-24 下装组装缝制工艺与要点

款式图	步骤	工艺内容（缝型）	使用工具	缝制要点
	1	收省	单针平缝机	省的大小、长短、位置正确，省缝缉顺，省尖缉尖，裤片缝份均朝后缝烫倒，并把省缝向中心线推匀烫平
	2	做小襻	单针平缝机、熨斗	一面粘衬，按小襻净样板缉线，然后修剪缝份，最后翻到正面缉线 0.5cm
	3	拼侧缝	单针平缝机、拷边机	将前后裤片正面相对，沿侧缝 1cm 的缝份从上至下缝合，然后拷边
	4	贴立体袋	单针平缝机	在裤子正面袋位处划净线。把做好的口袋放在袋位处，比齐画线，标出对位点，然后辑线，缝份为 0.8cm
	5	拼后浪	单针平缝机、拷边机	将裤子后片左右正面相对，按 1cm 缝份缉合后档，然后拷边。翻转后正面缉明线 0.1cm

续表

款式图	步骤	工艺内容 (缝型)	使用工具	缝制要点
	6	做门襟拉链	单针平缝机、拷边机	做门襟拉链见裤子门襟拉链的缝制方法(表3-18)
	7	拼内侧缝	单针平缝机、拷边机	将裤子前后片正面相对,按1cm缝份绱合后裆,然后拷边
	8	装腰	单针平缝机	1. 做腰带襻,将3.5cm的裁片三折光,两边各绱线0.2cm,剪出5根8cm长的襻,再将腰带襻在腰口线下1cm处明线固定 2. 装腰见裤子腰头的组装缝制
	9	卷脚口	单针平缝机	将裤脚口扣烫1cm,再折转2.5cm的折边,侧缝缝份倒向后裤片,从内缝份沿止口线绱0.1cm的单明线
	10	锁眼钉扣	锁眼机、钉扣机	门襟锁圆头眼一个,直径根据纽扣大小决定,里襟钉纽扣一粒
	11	整烫	熨斗	整烫顺序:腰头、前门襟、侧袋、后省、裤腿、脚口。各部位熨烫平整,无烫黄烫焦,按要求整理包装

五、整烫工艺技术要求

(一)质量技术要求

整烫工艺要做到"三好、七防"。

(1)"三好":整烫温度掌握好,平挺质量好,外观折叠好。

(2)"七防":防烫黄,防烫焦,防变色,防变硬,防水渍,防极光,防渗胶。

(二)熨烫注意事项

(1)色织物在熨烫时应先进行小样试熨,以防发生色变。

(2)尽量减少熨烫次数,以防降低织物耐用性。

（3）熨烫提花、浮长线织物时，防止勾丝、拉毛、浮纱拉断等。

（4）注意温度对面料的影响，对吸湿性大、难以熨平的织物，应喷水熨烫；对不能在湿态下熨烫的织物，应覆盖湿布熨烫。

（5）温度要适当，防止极光和毡化。

（6）烫台要平整，避免凹凸不平，要加覆湿布，防止产生亮光。

（7）压力不要过大，以防产生极光。

（8）薄织物湿度稍低，熨烫时间稍长，厚织物湿度稍高。

（三）熨烫工艺质量要求

下面以上衣为例说明熨烫工艺要求（表3-25）。

表3-25 熨烫工艺质量要求（上衣）

序号	部位名称	工艺质量要求
1	衣身	平服、丰满、自然
2	双肩	肩线要平整、对称
3	门、里襟	无极光、平正、圆润、丰满
4	侧缝	无绒面被烫硬，平直、丰满
5	后背	无配件被烫坏或压坏，圆润、平直不起吊
6	驳头	无皱褶、折痕，平直、不死板
7	领子	无变形，平服有圆势
8	袖	无皱褶、折痕，袖隆圆顺美观，袖山丰满
9	胸	无极光、皱褶、折痕，平服、整洁，胸部丰满
10	臀	无皱褶、折痕，平服、整洁，臀部圆顺

第四节 成衣品质控制

一、技术文件和资料检查

（一）生产通知单检查

（1）服装各控制部位及细节部位规格的数量是否合理，有否疑误。

（2）面布、里布、衬布、纽扣、袋布、尺码标等是否齐全，品号、规格、用量是否正确。

（3）服装各部位的缝迹宽度、长度，布边处理形式，缝型，各部位特殊缝合形式是否清楚、合理。

（二）缝制标准检查

（1）各部位的缝合程序、缝型、缝迹的数量、形式的规定。

（2）各部位的对条对格纹样的具体规定。

（3）缝制的特殊要求。

（三）标准样板检查

（1）各控制部位及细节部位规格是否符合预定规格。

（2）各相关部位是否相吻合,即数量是否相配,角度组合后曲线是否光滑。

（3）各部位的对位刀眼是否正确及齐全,布纹方向是否标明。

二、材料检查

对采购的原辅料进行全数或抽样检查,以排除不良品质的材料。

（1）缝制、整烫材料检查:对缝线和衬布按国家标准进行缩水率、拉力测试。

（2）面料、里料检查:对面料、里料等主要材料进行缩水率、干洗、水洗、摩擦、日晒染色牢度试验,检查污垢、瑕疵、色差、幅宽等。

（3）辅料检查:对拉链、纽扣等辅料进行抽样检查。

三、裁片质量检查

裁片质量检查是对裁片质量、裁片数量、尺码标记的检查,见表3-26。

表3-26　裁片质量检查

检查项目	检查情况		检查方法	判定标准	处理方法
裁片质量 （1、2、3等为裁片部位,如1为前片,2为后片,3为袖片,4为领,以此类推）	1	A	每批裁片上下层各抽一件对照纸样,查看裁剪是否走样、布纹是否正确	±2mm以内为A ±3mm以内为B ±5mm以内为C	大则根据标准尺寸改裁,小则缩小一号改裁
	2	A			
	3	B			
	4	A			
	5	B			
	6	B			
裁片数量	1	A	以全数计算读取	按照裁剪指示表	数量不够则补裁
	2	A			
	3	A			
	4	A			
	5	A			
尺码标记	1		抽上下层裁片,目视与标准纸样核对	必须与标准纸样一致	尺寸标记不对则换,大纸样可照尺寸修改后作为小尺寸纸样用
	2				
	3				
	4				
	5				
	6				

四、成品质量检查

（一）成品质量检查

上衣和下装成品检查分别见表3-27和表3-28。

表 3-27　上衣成品检查(示例)

制　品	衬衫	制品中间检查日报		生产组:10 服设 1 班		
检查数	20			质检员:王＊＊		
不良数	4			检查日期		
检查项目	检查部件	裁剪不良	车缝作业不良	整烫作业不良	外观尺寸	合计
前身	口袋	√	袋位高低 2 件	√	√	√
	门里襟	√	脱线 1 件	√	√	√
	纽位	√	√	√	√	√
后身	复势	√	√	√	√	√
	后片	√	√	√	√	√
肩	肩宽	√	√	√	√	√
	肩线	√	√	√	√	√
袖子	袖衩	√	毛口 1 件	√	√	1
	袖克夫	√	漏止口 1 件	√	√	1
	袖底缝	√	√	√	√	√
	装袖	√	√	√	√	√
领子	下领	√	√	√	√	√
	上领	√	√	√	√	√
下摆	下摆长短	√	√	√	√	√
	下摆滚边	√	√	√	√	√
其他		√	√	√	√	√
备注:						

注　√表示没有问题。

表 3-28　下装成品检查(示例)

制　品	迷彩裤	制品中间检查日报		生产组:10 服设 1 班		
检查数	20			质检员:王＊＊		
不良数	6			检查日期		
检查项目	检查部件	裁剪不良	车缝作业不良	整烫作业不良	外观尺寸	合计
前裤片	口袋	√		√	√	√
	门里襟	√	脱线 1 条	√	√	√
	褶裥	√	√	√	√	√
	纽位	√	脱线 1 条	√	√	√
后裤身	口袋	√	左右高低 2 条	√	√	√
	省道	√	√	√	√	√
	后浪	√	√	√	√	√
脚口	长短	√	√	√	√	√
	脚口贴边	√	√	√	√	√
腰头	腰围尺寸	√	√	√	√	√
	腰宽	√	√	不均匀 2 条	√	√
	皮带襻	√	√	√	√	√
	纽位	√	未钉纽扣 1 条	√	√	√
其他		√	√	√	√	√
备注:						

注　√表示没有问题。

(二)衬衫质量检验标准

1. 外观检验

检查有无粗纱、走纱、飞纱、暗横、白迹、破损、色差、污渍。

2. 尺寸检验

严格按尺寸表检查。

3. 对称检验

(1)领尖大小、左右是否对称。

(2)两膊、两夹圈的宽度。

(3)检查两袖长短、袖口宽窄、袖褶距离、袖衩长短、克夫高度。

(4)检查复势两边高度。

(5)检查口袋大小、高低。

(6)检查门襟长短,左右条格对称。

4. 缝制检验

(1)各部位线路顺直、松紧适宜,不可有浮线、跳线、断线现象;驳线不可太多且不能出现在显眼位置;针距不能过疏过密。

(2)领尖要贴服,领面不可鼓起,领尖无断尖,止口无反吐。领窝底线不可外露,止口要整齐,领面松紧适宜不反翘,领底不可外露。

(3)门襟要直,平服,侧缝顺直,松紧适宜,宽窄一致。

(4)明袋内止口要清剪,袋口平直,袋角圆顺,封口大小一致,牢固。

(5)下摆不可扭边外翘,直角摆要顺直,圆底摆角度一致。

(6)面线与底线的松紧要适当,避免起皱(易起皱的部位有领边、门襟、夹圈、袖底、侧骨、袖叉等)。

(7)缉领、埋夹收拾要均匀,避免吃势太多(主要部位是领窝、袖口、袖笼等)。

(8)纽门定位要准,开刀利落无线毛,大小要与纽扣相匹配,钉纽位要准(尤其是领尖),纽线不可过松过长。

(9)扣眼长短、位置要符合要求。

(10)对条、对格主要部位:左右幅与门襟相对,袋片与衣片相对,前后幅对,左右领尖、袖片、袖衩对。

(11)顺逆毛面全件顺向一致。

5. 整烫检验

(1)各部位整烫平服,无烫黄、极光、水渍、脏污等。

(2)整烫重要部位:领、袖、门襟。

(3)线头要彻底清除。

(4)注意驳渗透胶。

6. 物料检查

唛头位置及车缝效果;挂牌是否正确;有无遗漏;黏合衬效果,所有物料配置必须依照物料单要求实行。

7. 包装检查

严格按照包装要求实行。

(三)裤子质量检验标准

1. 检验方法

裤子要求外观挺括、立体效果突出。因此,检验时通常要将成品放在案板上来检查外观质量。

2. 外观质量检验

(1)品质上乘的西裤或裙子多以毛织物和混纺织物为主,外观效果强调平挺、严谨,女装更注重腰身柔美流畅,主要检验内容有:衣身有无明显色差,通常下裆缝、腰头色差级别要低于其他表面的色差级别,件与件之间不能有过大的色差(此问题应在开裁之前解决)。

(2)倒顺毛、阴阳格面料毛向要一致,长毛面料全身毛向要向下顺。特殊图案以主图为准,全身顺向一致。

(3)衣身面料有无疵点,每个部位一般只允许有一个(优等品前臀围以上不允许有疵点)。

(4)各部位整烫平服不能有倒绒面、无烫黄面、极光、水渍、变色等,采用的黏合衬不能有渗胶、气泡现象,臀部圆顺,裤脚平直。

(5)各部位线路顺直,没有跳线、断线,整齐牢固、平服、美观,面线与底线松紧适宜。起针及收针要打倒针,不能有针板及下钢牙造成的痕迹。

(6)对条、对格:袋盖、兜牙、侧袋垫、后中缝、前中缝、外侧缝、内长缝都要对正。

(7)对称部位。

①裤脚大小、长短极限公差不能大于0.5cm。

②裤子口袋大小 高低要求对称极限公差不能大于0.5cm。

③省道长度及距离左右必须相同,极限公差不能大于0.3cm。

(8)成品外型。

①腰头面、里、衬平顺,松紧适宜,宽窄一致,车线顺直。

②门襟面、里、衬平顺,松紧适宜,长短公差0.3cm。

③门襟不能短于里襟,门襟小裆封口必须平顺,封节牢固,车线清晰顺畅。

④扣子与扣眼规格、位置要准确,拉链松紧适宜。

⑤拉链不能有外漏现象,前后裆要圆顺、平服。

⑥裤襻长度距离要准确、对称,松紧适宜,前后位置、高低公差0.3cm。袋口要平顺,不能有松紧不一现象。

3. 成品规格检验

裤长:腰上口—脚口　　　　　　　　　　　公差1cm

腰围:扣系好后沿腰宽中间横量(半腰围)　　公差0.5cm

臀围:腰缝以下2/3处横量(半臀围)　　　　公差0.5cm

内长:底裆十字交叉处—脚口　　　　　　　公差0.6cm

脚口:平放后横量（半脚口）　　　　　　　公差 0.2cm

横裆:底裆十字交叉处下 2.5cm 处横量　　　公差 0.3cm

4. 缝制质量检验

（1）各部位针迹、线路清晰顺直,针距密度一致,双明线、三明线间距相等。

针距密度为:明线 3cm 14~17 针(包括暗线,装饰线除外);三线包缝 3cm 不少于 9 针;锁眼细线 1cm12~14 针,粗线 1cm9 针;钉扣细线每孔 8 根线粗线每孔 4 根线(缠脚线高度与止口厚度要相符)。

明线、暗线的使用必须符合面料性能。

（2）上下线松紧适宜,无跳线、断线。起针收针必须回针,避免开裂。

（3）侧袋口下端打节处 5cm 以上至 10cm 以下之间、下裆缝上 1/2 处、后裆缝、小裆应车两道线或用链式机缝制。

（4）袋口两端须打节加固,机器打节前也要平缝机回针。

（5）锁眼不偏斜,扣与扣眼位置相适宜,钉扣、收线、打节需牢固美观。

（6）商标、洗涤、规格号、成分标志定位要准确、美观、牢固。

（7）滚条、压条要平服,宽窄一致。

5. 整烫要求

洗水后不能将裤片及缝处整烫过扁、过平,必须参照样品或按客人要求执行。批量整理前,必须有公司确认意见方可进行。

第五节　后整理、包装

一、后整烫

熨烫是利用热力、蒸汽、真空或压力的配合,消除面料上的折痕,并使成衣定型。后整烫又称大熨或终熨烫,是在服装制成后才进行的熨烫工序。

1. 后整烫目的

（1）使成衣的设计和款式定型。

（2）使服装穿着起来更舒适、美观。

2. 熨烫工艺控制

（1）蒸汽:蒸汽使面料柔韧,方便塑造成所需要的形状。熨烫时,要小心控制蒸汽量和温度,尤其是熨烫一些含有合成纤维的面料。如果蒸汽温度过高,纤维会受热变形,面料被熨熔或熨焦。因此,蒸汽要控制得恰如其分。如果蒸汽太少,服装便达不到预期效果;蒸汽太多,则真空时间太久,结果不仅浪费能源,服装的质量也受到影响。

（2）热力和压力:两者的作用是将面料塑造出所需的形状。在压熨工序中,必须小心控制热力和压力。太高的热力和压力会把面料熨焦或使合成纤维熨熔,太低的热力和压力则不能把面料熨至成型。

（3）真空：真空系统主要用作清除面料内的水分使面料成型，并使经过热压处理的面料迅速冷却。使用真空的时间太长会浪费能源，而时间太短则会产生面湿和留下印痕的问题。

（4）熨烫时间：熨烫时间的长短，在于面料的质地和所要求的效果。低熔点纤维制成的面料要求较短的熨烫时间，而耐高热纤维制成的面料则需要较长的熨烫时间，如棉、麻纤维面料。

3. 整烫后规格、尺寸检查

整烫后规格、尺寸具体要求见表3-29。

表3-29　规格、尺寸检查表

序号	检查顺序	检查
1	腰围	扣上纽扣，门襟在中央，两边用尺量腰带中心
2	裤长	由侧边上端，沿侧缝线量至裤脚
3	下裆	由上裆、后裆接点，沿下裆线量至裤脚
4	前后裆宽	后裆直下以纬向平量
5	裤脚口	由裤脚上15cm平量
6	膝围宽	除掉裤脚上15cm的下膝折半中点上5cm平量
7	其他	指定尺寸，口袋、腰宽等用尺量

二、污渍整理

在服装生产中，需要经过复杂的生产程序，因此难免会产生一些污渍。要去除污渍，我们必须认清污渍在衣物上的结合方式并分清污渍的类型。

常见污渍去除方法见表3-30。

表3-30　常见污渍去除方法

污渍名称	去除方法
咖啡、茶渍	新渍用热水搓洗，便可洗干净。如果污渍已干，可以采用以下方法处理。 1. 用甘油和蛋黄的混合溶液涂拭污渍处，待稍干后，再用清水洗净即可 2. 先用甘油涂在污渍处，再撒上一些硼砂粉，然后浸入开水中洗净即可除污渍 3. 用稀氨水、硼砂和温开水涂擦，也可除去污渍。若是羊毛混纺织品，不需滴氨水，只用10%的甘油溶液洗涤即可
酒渍	刚染上的色酒、啤酒或其他酒渍，用清水就能洗去。若是陈迹，则必须放在加有氨水的硼砂溶液内才能去除
果汁渍	1. 新染上的果汁，可先撒些食盐，轻轻地用水润湿，然后浸在肥皂水中洗涤 2. 轻微的果渍可用冷水洗除，一次洗不净再洗一次，洗净为止。污染较重的，可用稀氨水（1份氨水冲20份水）来中和果汁中的有机酸，再用肥皂洗净。呢绒衣服可用酒石酸溶液洗，丝绸可用柠檬酸或用肥皂、酒精溶液来搓洗 3. 在果汁渍上滴几滴食醋，用手揉搓几次，再用清水洗净
柿子渍	新渍，用葡萄酒加浓盐水一起揉搓，再用肥皂和水清洗，或用5%稀氨水和洗涤剂一起揉搓，然后用水漂洗干净。丝绸织物则用10%柠檬酸溶液洗涤
泡泡糖渍	用汽油或酒精擦洗即可去除

污渍名称	去除方法
口香糖渍	可先用生鸡蛋清去除衣物表面上的黏胶,然后再将松散残余的粒点逐一擦去,再放入肥皂液中洗涤,最后用清水漂净。如果是不能水洗的衣料,可用四氯化碳涂抹,除去残留污液。也可将衣物放入冰箱的冷藏格中冷冻一段时间,糖渍变脆,用小刀轻轻一刮,就能剥离干净
冰淇淋渍	用汽油即可擦洗干净
酱油渍	在温洗衣粉溶液中加少量氨水和硼砂搓洗,即能去除
番茄酱渍	将干的污渍刮去后,用温洗衣粉溶液洗净
鸡蛋渍	如果鸡蛋液污染了衣服,应等污迹干后,再用蛋黄和甘油融混合液擦拭,然后再把衣服放到水中清洗即可
动植物油渍	衣服上被动植物油污染后,挤点牙膏于渍处,轻轻擦,再用清水搓洗,油污即可清除
咖喱油渍	用5%浓度的次氯酸钠洗后,再用清水洗净
蟹黄渍	可在已煮熟的蟹中取出白鳃搓拭,再放在冷水中用肥皂洗涤
圆珠笔油渍	将污渍用冷水浸湿后,用苯丙酮或四氯化碳轻轻擦去,再用洗涤剂、清水洗净。也可涂些牙膏加少量肥皂轻轻揉搓,如有残痕,再用酒精擦拭
红墨水渍	先用洗涤剂洗,然后用10%的酒精擦洗,再用清水洗净。也可用0.25%的高锰酸钾溶液清除。用芥子末涂在红墨水迹上面,几小时后红墨水迹会消退
蓝墨水渍	新污染的衣物可先在冷水中浸泡,然后用肥皂搓洗。陈迹则要放在2%的草酸溶液中浸泡几分钟,然后用洗涤剂洗除
墨渍	先用清水洗,再用洗涤剂和饭粒一起搓揉,然后用纱布或脱脂棉一点一点粘吸。残迹可用氨水洗涤。也可用牙膏、牛奶等擦洗,再用清水漂净
水彩渍	绘画用的水彩为了增加着色的牢度,在颜料中加入了适量的水溶性胶质。当衣物沾染上了水彩渍,首先要用热水把污渍中的胶质溶解去除,再用洗涤剂或淡氨水脱色,最后清水漂净。白色的衣物可用双氧水脱色
复写纸、蜡笔色渍	先在温热的洗涤剂溶液中搓洗,而后用汽油、煤油洗,用酒精擦除
印油渍	用肥皂和汽油的混合液(不含水)浸漂或涂在色渍上轻轻洗涤,使其溶解脱落,再用肥皂水洗涤,用清水漂净。若经过肥皂洗涤,油脂已除,颜色尚在,应作褪色处理。要用漂白粉(用于真丝衣物的)来消除颜色渍
胶水渍	将衣物的污染处浸泡在温水中,当污渍被水溶解后,再用手揉搓,直到污渍全部搓掉为止,然后再用温洗涤液洗一遍,最后清水冲净
口红渍	可先浸透汽油,然后再用肥皂水擦洗便可洗净
汗渍	1. 先用喷雾器在有汗渍的衣服上喷上一些食醋,过一会儿再洗,即可去除 2. 将一块冬瓜捣烂,倒进布袋中,将其液汁挤出,用来洗沾有汗渍的衣服,然后再用清水漂净 3. 在清水里加几滴氨水,把有汗渍的衣服放进去漂洗一下,再用清水洗净 4. 把汗渍衣服放在5%的食盐水中浸泡1h,再轻揉搓,用清水洗净 5. 把生姜切成碎末,放在衣服汗渍上搓洗,然后用清水洗净
血渍、奶渍	1. 胡萝卜研碎拌上盐,涂在沾有血渍、奶渍的衣服上揉搓,再用清水漂净 2. 衣服上沾有血渍、奶渍,先用生姜擦洗,然后蘸冷水揉搓,可不留痕迹
尿渍	刚污染的尿渍可用水洗除。若是陈迹,可用温热的洗衣粉(肥皂)溶液或淡氨水、硼砂溶液搓洗,再用清水漂净
黄泥渍	先用生姜汁涂擦,再用清水洗涤,黄泥渍会立刻褪去

续表

污渍名称	去除方法
霉渍	1. 梅雨季节,洗好的衣服不易晒干,常有一股难闻的霉味。若将衣服放在加有少量醋和牛奶的水中再洗一遍,便能除去霉味。若收藏的衣服或床单有发黄的地方,可涂抹些牛奶,到太阳下晒几个小时,再用通常的方法洗一遍即可 2. 如果呢绒织物上有了霉迹,须先将其挂在阴凉通风处晾干,再用棉花蘸少量的汽油在霉迹处反复擦拭即可 3. 新长的霉斑,先用刷子刷,再用酒精清除。陈旧霉斑需涂上氨水,放置一会儿,再涂高锰酸钾溶液,最后用亚硫酸氢钠溶液浸湿并用水冲洗。处理过程时要防止霉斑扩散 4. 皮件(皮衣、皮手套等)上长了霉斑,不宜用湿布揩,最好晒干(或烘干)后把霉刷掉。为了防霉,可配制一些药水,成分是对硝基酚(可在化工商店买到)3 份、肥皂 10 份、水 100‰,溶解后涂在皮件上,晾干即可
锈渍	用 1%的草酸溶液擦拭衣服上的锈渍处,再用清水漂洗
铜绿锈渍	铜绿有毒,衣物被污染上时要小心处理。其渍可用 20%~30%的碘化钾水溶液或 10%的醋酸水溶液热闷,并要立刻用温热的食盐水擦拭,最后用清水洗净
漆渍	1. 乘油漆未干,先用煤油反复涂擦,再涂擦一些稀醋酸(不用醋酸也可以,只是效果要差些),最后经水洗,即可除去。去除干了的油漆迹,可在锅内加 2.5kg 水、100g 碱面和少许石灰,把衣服放到里面煮 20min,取出后用肥皂洗净,油漆便会脱落。要注意的是:有色的衣服不能用此法,以免脱色 2. 衣物上不慎沾上漆渍,用汽油、香蕉水(乙酸乙酯)去除,会影响衣料质地。最好的办法是用清凉油涂拭:在漆渍处正反面涂清凉油少许,隔几分钟后,用棉花球顺衣料的纹路擦拭
桐油渍	可用汽油、煤油或洗涤剂擦洗,也可用豆腐渣擦洗,然后用清水漂净
柏油渍	可用汽油和煤油擦洗。也可将松节油和乙醚 1:1 混合、四氯化碳涂在被沾污处,待柏油溶解后,就容易擦掉了
蜡烛油渍	衣服上沾上了蜡烛油,可用刀片轻轻刮去衣服表面的蜡质,然后将衣服平放在桌子上,让带有蜡油的一面朝上,在上面放一两张吸附纸,用熨斗反复熨几下即可
烟油渍	1. 衣服上刚滴上了烟筒油,可立即用汽油搓洗,如搓洗后仍留有色斑,可用 2%的草酸液擦拭,再用清水洗净 2. 衣物上滴上烟油,可速取炉灰一小撮均匀撒在上面,待炉灰干后,清去炉灰,烟油自掉。如果衣物上的烟油已干,而且时间较久,可先用清水浸湿油迹处,然后再取炉灰适量撒在上面,干后油渍即除
沥青渍	先用小刀将衣服沾有的沥青轻轻刮去,然后用四氯化碳水(药店有售)浸泡一会儿,再放入热水中揉洗。还可用松节油反复涂擦多次,再浸入热肥皂水中洗涤即可
青草渍	用食盐水(1L 水加 100g 盐)浸泡,即可除掉
红药水渍	先用温洗衣粉溶液洗,再分别用草酸、高锰酸钾处理,最后用草酸脱色,用清水漂净
碘酒渍	先用亚硫酸钠溶液(温的)处理,再用清水反复漂洗。也可用酒精擦洗
药膏渍	先用汽油、煤油刷洗,也可用酒精或烧酒搓擦,待起污后用洗涤剂浸洗,再用清水漂净
高锰酸钾渍	先用柠檬酸或 2%的草酸溶液洗涤,后用清水漂净
万能胶渍	用丙酮或香蕉水滴在胶渍上,要用刷子不断地反复刷洗,待胶渍变软从织物上脱下后,再用清水漂洗。一次不成,可反复刷洗数次。含醋酸纤维的织物切勿用此法,以免损伤衣物
白乳胶渍	白乳胶是一种合成树脂,是聚醋酸乙烯乳浆。它的特点是除了锦纶之类以外,对绝大多数纤维素质材料均有粘接作用,故能牢固地黏附在衣物上,而且它能够溶解于多种溶液中。因此,可用 60℃白酒或 8:2 的酒精(95%)与水的混合液浸泡衣物上的白乳胶渍,大约浸泡半小时后就可以用水搓洗,直至洗净为止,最后再用清水漂洗

三、毛梢整理

毛梢又称为线头,分为死毛梢和活毛梢两种。死毛梢是未剪的线头,也有布纱头(包缝不净造成);活毛梢是剪断但留在服装上没有去除的线头。现在许多缝纫机都带有自动或半自动剪线机构,以保证缝纫线头小于4mm,但大多仍由人工修剪。毛梢整理方法主要有三种。

1. 手工处理

用手将线头取掉后放入水盒或其他不易使其"飞跑"的容器内,适于死线头处理。

2. 粘去法

用不干胶纸或胶滚轮粘去毛梢,适于活线头处理,工厂中常用此法。

3. 收取法

用吸刷毛机先将活线头刷掉,同时通过抽风箱吸去。

四、包装

服装包装起初只是为了保持服装数量与质量的完整性,随着生产的发展和人民生活水平的日益提高,现在服装包装已直接影响产品的价值与销路。因此,服装包装是服装行业中不可缺少的组成部分。

(一)包装材料的性能要求

包装材料主要有木质、纸张、纸板、塑料薄膜、塑料复合材料、干燥剂、防蛀剂、捆扎材料等。包装材料的主要功能是保护商品,因此包装材料必须满足以下性能要求。

(1)包装材料必须具有抵御外来侵蚀的能力,对包装的服装产品有可靠的保护性。

(2)包装材料对人体和服装本身应具有安全性,不能给人体和服装带来危害。

(3)包装材料应便于加工成形,易于包装、成本低,用后无污染、易处理。

(4)包装材料应采用资源丰富的材料。

(二)包装的形成

1. 折叠包装

折叠包装是服装包装中最常用的一种形式。折叠时要把服装的特色之处、款式的重点部位显示于可见位置。折叠要平服,减少服装的叠位,从而减少拆装后的熨衣工作。为防止松脱,在适当的位置要用大头针或塑料夹固定。为了防止变形,可衬垫硬纸板。服装折叠好后,方可装入相应的包装袋或盒中。

2. 真空包装

这是在1970年问世的包装技术,是将服装装入塑料袋后,将袋中和服装内的空气抽掉,然后将袋口密封。真空包装可缩小服装体积和减少服装重量,方便储运,降低运输成本,特别适宜一些棉绒、体积大的服装。

3. 立体包装

立体包装多用于高档服装。这种形式是将服装套在衣架上,外套包装袋,克服了服装经折叠包装和运输产生的皱褶,保持良好的外观,有利于店铺的陈列,但在保管和运输中的成本较高。

4. 内外包装

内包装也叫小包装,通常在数量上有以单件、套为单位的包装,以便零售。例如以 5 件或 10 件、6 件或 12 件等数量为单位的包装,以方便分拨、计量、再组装。外包装也叫大包装、运输包装,是在原产品的内包装外再增加一层包装。它的作用是用来保护商品在流通过程中的安全,使装卸、运输、储存、保管和计量更为方便。

(三)包装方法

1. 袋包装

袋包装是一种最普遍和应用最广泛的软包装方法。目前袋包装的主要材料是塑料薄膜。袋包装具有防污染、保护服装、成本低廉、便于与运输等优点,但存在支撑强度小、易损坏等缺点,折叠包装使用的包装袋有扁平袋、矩形袋、自开袋、缝合袋、方形袋、书包袋等,包装的款式、形状、大小、厚薄应根据折叠后的服装而定。塑料袋要留有气孔,立体包装使用的挂带的顶端应有衣架孔,开口在下方。

2. 盒包装

盒包装是一种比较流行的硬包装方法,具有成本低、强度好、外观美等优点,但存在包装量受限制、体积大、运输成本较高等不足。包装盒有折叠盒和固定盒。折叠盒在盒上表明盒规格尺寸、材料厚度、密度等,以便挑选的折叠盒与产品相符。固定盒是按折叠成形后产品尺寸制成的,其形状和尺寸不可改变。包装盒的种类一般有帽盖盒、天地罩盒、抽屉盒等。

3. 箱包装

箱包装是为了方便装运和批发销售的包装,一般多采用瓦楞纸箱。但对于一些需要防压的高档服装和远程运输的服装,则采用较坚固的板条箱和木箱。包装内外要采用防潮措施。采用挂装的箱内有要有衣架,将立体包装的服装直接吊挂在上面。

☞ 思考与练习

1. 在生产准备阶段,选料时应考虑哪些方面?
2. 在工业化生产裁剪环节,如何确保裁片质量?
3. 在工业化生产中,熨烫时需要注意哪些事项?

参考答案

第一章参考答案

1. 名词解释:修剪止口、线迹、吃势?

答:修剪止口:指将缝合后的止口缝份剪窄,有修双边和修单边两种方法。其中修单边亦称为修阶梯状,即两缝份宽窄不一致,一般宽的为 0.7cm、窄的为 0.4cm,质地疏松的布料可同时再增加 0.2cm 左右。

线迹:在缝制物上两个相邻针眼之间的缝线形式。

吃势:亦称层势,"吃"指缝合时使衣片缩短,吃势指缩短的程度。吃势分两种,一是两衣片原来长度一致,缝合时因操作不当,造成一片长、一片短(即短片有了吃势),这是应避免的缝纫弊病;二是将两片长短略有差异的衣片有意地将长衣片某个部位缩进一定尺寸,从而达到预期的造型效果,如圆装袖的袖山吃势可使袖山顶部丰满圆润,袋盖两端圆角、领面、领角等部件面的角端吃势可使部件面的止口外吐,从正面看不到里料,还可使面部形成自然的窝势,不反翘。

2. 服装生产中常用的线迹,按照通常的习惯,可以分哪几种类型?

答:服装生产中常用的线迹,按照通常的习惯,可以分以下四种类型。

(1)锁式线迹亦称穿梭缝线迹,是由两根缝线交叉联接于缝料中。

(2)链式线迹是有一根或两根缝线串套连接而成,线量较多,拉伸性较好。

(3)包缝线迹。针织品和衣边锁边的包缝线迹最常见的是两根或三根缝线相互循环串套在缝制物的边缘。

(4)绷缝线迹有两根以上针线和一根弯钩线互相串套而成,特点是强力大,拉伸性较好,同时还能使缝迹平整,防止针织物边缘线圈脱散的作用。

3. 排料表面有绒毛的面料时具体要求是什么?

答:面料表面有绒毛,且绒毛具有方向性,如灯芯绒、丝绒、人造毛皮等。在用倒顺毛面料进行排料时,首先要弄清楚倒顺毛的方向,绒毛的长度和倒顺向的程度等,然后才能确定画样的方向。例如,灯芯绒面料的绒毛很短,为了使产品毛色和顺,采取倒毛做(逆毛面上)。又如兔毛呢和人造毛皮这一类绒毛较长的面料,不宜采用倒毛做,而应采取顺毛做。

为了节约面料,对于绒毛较短的面料,可采用一件倒画、一件顺画的两件套排画样的方法。但是在一件产品中的各部件,不论其绒毛的长短和倒顺向的程度如何,都不能有倒有顺,而应该一致。领面的倒顺毛方向,应以成品领面翻下后保持与后身绒毛同一方向为准。

4. 服装放缝和贴边量需要考虑哪些因素?

答:缝份又称为缝头与做缝,是指缝合衣片所需的必要宽度。折边是指服装边缘部位如门襟、底边、袖口、裤口等的翻折量。由于结构制图中的线条大多是净缝,所以只有将结构制图加放一定的缝份或折边之后才能满足工艺要求。缝份及折边加放量需考虑下列因素。

（1）根据缝型加放缝份。缝型是指一定数量的衣片和线迹在缝制过程中的配置形式,缝型不同对缝份的要求也不相同。

（2）根据面料加放缝份。样板的缝份与面料的质地性能有关。面料的质地有厚有薄、有松有紧,而质地疏松的面料在裁剪和缝纫时容易脱散,因此在放缝时应略多放些,质地紧密的面料则按常规处理。

（3）根据工艺要求加放缝份。样板缝份的加放应根据不同的工艺要求灵活掌握。有些特殊部位即使是同一条缝边其缝份也不相同。例如,后裤片后裆缝的腰口处放 2~2.5cm,臀围处放 1cm;普通上衣袖窿弧部位多放 0.7~0.9cm 的缝份;装拉链部位应比一般部位缝头稍宽,以便于缝制;上衣的背缝、裙子的后缝应比一般缝份稍宽,一般为 1.5~2cm。

（4）规则型折边的处理。规则型折边一般与衣片连接在一起,可以在净线的基础上直接向外加放相应的折边量。由于服装的款式和工艺要求不同,折边量的大小也不相同。凡是直线或接近于直线的折边,加放量可以适当放大一些,而弧线形折边的宽度要适量减少,以免扣倒折边后出现不平服现象。

（5）不规则贴边的处理。不规则贴边是指折边的形状变化幅度比较大,不能直接在衣片上加放,在这种情况下可采用贴边(镶折边)的工艺方法,即按照衣片的净线形状绘制折边,再与衣片缝合在一起。这种宽度以能够容纳弧线(或折线)的最大起伏量为原则,一般取 3~5cm。

第二章参考答案

1. 在裁剪样板和工艺样板制作完成后,需要进行哪些方面的核对?

答:在裁剪样板,工艺样板制作好以后,要与基准样板(参照样衣)一一核对。

（1）核对款式、纸样型号,检查是否与其他型号纸样混淆。

（2）核对大小、长短,检查是否有出入。

（3）核对纸样片数,检查是否漏掉,特别是裁剪纸样。

（4）核对对合刀眼,检查是否准确,是否漏掉。

2. 生产技术科试做样衣要注意哪些事项?

答:（1）面料进行预缩,然后裁剪缝制。

（2）缝制时要设计好缝型、缝迹,在达到设计效果的前提下,缝型合理、易行,能适合工业化批量生产。

（3）不得擅自改动板型,严格按对合刀眼进行缝制。

（4）做好样衣试制单的记录。

3. 生产车间常用的工艺样板有哪些?

答:生产车间常用的工艺样板有毛样点位纸样、净样画线样板、净样扣烫样板、缉明线样板和工艺模板等。

4. 开裁前要做哪些准备工作?

答:开裁前的准备工作有以下几项。

（1）查看开裁通知单,并有裁剪指示书。

（2）面料已到位,经过检验且经过必要的处理。

（3）核对纸样,并与样衣进行复核。

5. 一般工厂在生产时,如何进行排料才能节省面料?

答:一般工厂在生产时,在正确排料的情况下,为了节省用料,一般都采用多件排料,即单款单码多件排、单款混码多件排、混款单码多件排、混款混码多件排等方法。现在很多企业都采用了 CAD 来辅助制板与排料。利用 CAD 排料,可以达到方便、快速、准确的效果,大大提高生产效益。

6. 如何排流水线?

答:所谓流水线作业,即每一件衣服从裁片→各个部位的制作→完整的衣服,所有部位的不同工序,都是由员工分别在不同的固定位置上制作,即"物流人不流"。组长如何把员工分别安排在不同的位置上是关键,直接关系生产速度和产品质量。

（1）把工人按技术分等级。

（2）把工序按难易分等级。

（3）尽量分开本流(衣身或缝合)和支流(零件)。

（4）同种类、同性质的工序尽量集中在同一操作、同一机型上。

（5）作业的分工要因地制宜,要培养多面手。如衣身工序的最初工艺,要找一个耐心、精神集中、作业稳定的人去完成。

（6）将衣身和零件相缝合的工序(如衣袖缝合,即绱袖),要找细心而掌握多种技能的人(精通与此有关工序的人)去做。

（7）常缺勤的人,尽管其技能高,也只能分配到零件工序。

（8）同一工序中需要 2 名以上员工时,要配同期进厂的员工或同一水平的员工。

（9）流水线进行不顺,有断流或积压货时,组长要及时进行调整。如果发现某一工序出现质量问题,最好安排其他工人或原工人的其他时间去返修,不能因返工而影响整个流水线的运作。

（10）当流水线在制作过程中,零部件出现多或少的情况时,组长务必要让制作这道工序的员工马上清查,直到完全正确。

第三章参考答案

1. 在生产准备阶段,选料时应考虑哪些方面?

答:在生产准备阶段,选料时应考虑以下事项。

（1）根据产品的特点,面料要求全棉质地,较厚实,耐磨度好。

（2）价格要适宜。

（3）辅料质地、颜色要与面料相匹配。

（4）最好有现货产品,质量方面好把关,而且不会耽误时间。

2. 在工业化生产裁剪环节,如何确保裁片质量?

答:在工业化生产裁剪环节中,要确保裁片质量,需注意以下几方面。

(1)在工业化生产中,往往由于面料的性能受到限制,不允许铺料太多。如松软、易滑易窜的面料(如锦纶面料),铺料层数太多,容易影响裁片的规格质量。

(2)要考虑面料耐热性能。面料耐热性能越差,铺层越多,摩擦发热刀片升温就高,面料会受到损伤,应相应地减少铺料层数。

(3)考虑服装质量的要求及裁剪工的技术水平。铺层越多,裁剪误差会越大(偏刀),裁剪的难度也越大,质量要求高的品种,或者裁剪工人技术水平不高时,应适当减少铺料的层数,以保证裁剪质量。

3. 在工业化生产中,熨烫时需要注意哪些事项?

答:熨烫时需要注意以下事项。

(1)色织物在熨烫时应先进行小样试熨,以防发生色变。

(2)尽量减少熨烫次数,以防降低织物耐用性。

(3)熨烫提花、浮长线织物时,防止勾丝、拉毛、浮纱拉断等。

(4)注意温度对面料的影响,对吸湿性大、难以熨平的织物,应喷水熨烫,对不能在湿态下熨烫的织物,应覆盖湿布熨烫。

(5)温度要适当,防止极光和毡化。

(6)烫台要平整,避免凹凸不平,要加覆湿布,防止产生亮光。

(7)压力不要过大,以防产生极光。

(8)薄织物湿度稍低,熨烫时间稍长,厚织物湿度稍高。

参考文献

[1]姜蕾,服装生产工艺与设备[M].2版.北京:中国纺织出版社,2008.

[2]万志琴,宋惠景.服装生产管理[M].3版.北京:中国纺织出版社,2008.

[3]卓开霞.女时装设计与技术[M].上海:华东大学出版社,2008.